종을 활용한

자연 발효빵

성공창업을 위한 레시피

이원영 · 정지현 공저

B (주)백산출판사

차례

Part 1

특수빵 이론

1 특수빵 이론

1) 베이커리의 역사

고대 이집트 제빵사들은 누룩을 반죽에 넣어 공기 중의 효모와 미생물에 의해 빵이 발효한다는 것을 알게 되면서 천연발효빵을 만들게 되었으며 그 후 1683년 현미경을 통해 효모가 알려지게 되었고 루이 파스퇴르가 발효를 통해 가스 발생을 입증함으로써 현재 제빵에 최적화된 순수 배양효모에 의해 작업성과 생산성이 좋은 빵이 만들어지게 되었다.

2) 제빵의 개념

빵이란 밀가루나 기타 곡물에 이스트, 소금, 물과 부재료를 섞어 반죽을 만들고 발효(호기성 미생물), 성형, 굽기, 냉각을 통해 만들어진 제품을 말한다.

3) 천연발효의 개념

효모는 그리스어로 '끓는다'라는 의미로 발효과정 중에 생성되는 이산화탄소에 의해 유래되었으며 밀가루, 물을 섞은 반죽에 공기 중에 떠다니는 야생효모가 반죽의 당분을 먹이로 하여 알코올과 탄산가스가 생성되면서 글루텐 그물망구조에 의해 빵 반죽을 부풀게 하여 빵이 구워질 때 기공을 만들며 제품이 완성되는 것이다.

4) 천연발효의 구분

- 천연효모종 : 곡류, 물, 당분을 사용해 증식하거나 사과, 요구르트, 포도, 무화과, 맥주에 물, 당분을 첨가하여 26~28℃에서 3~4일간 배양한 원종을 사용하며 3일간 리플레시(종계) 과정을 거쳐 발효력이 안정된 르방종을 사용한다(르방, 사워종, 천연액종).

- 다양한 부산물(유기산, 알코올, 발효취, 미생물)에 의해 특유의 풍미를 가진다.
- 장시간 발효와 주재료 특징에 따라 제품 특유의 식감을 부여함.
- 이스트 절감효과와 제품의 노화를 일부 지연시킴.

⊙ 건포도 액종(온도 : 26~28℃, 발효 및 보관: 96h)

재료	배합비
생수	200
건포도	100
꿀(설탕)	4

⊙ 2차 반죽(온도 : 26~28℃, 발효 및 보관 : 12~24h)

재료	배합비
전종	100
밀가루	100
물	66

⊙ 1차(초종)(온도 : 26~28℃, 발효 및 보관 : 12h)

재료	배합비
밀가루	100
액종	66
꿀(설탕)	1

⊙ 3차(Full Sour)(온도 : 26~28℃, 발효 및 보관 : 8~10h 냉장보관)

재료	배합비
전종	100
밀가루	100
물	66

- 자연발효종 : 소량의 이스트를 첨가해 발효를 촉진시키고 풍미를 개선시킴.

  (폴리쉬, 오토리즈)
- 이스트(Yeast) : 빵 발효에 적합한 미생물을 순수 배양하여 압축한 것.

❷ 맛있는 빵을 만들기 위한 반죽법

1) 하드계열 및 천연발효 반죽법

장시간 저온 발효법–이스트양을 줄이고 르방을 사용하거나 빵의 풍미나 수율 개선을 할 때 쓰이는 방법으로 22~24℃로 반죽하여 냉장고나 저온 숙성고에 발효를 지연하면서 빵에서 얻을 수 있는 풍미와 수율이 개선됨으로써 좋은 풍미의 빵을 얻을 수 있다. 단 접기나 폴딩을 할 경우 반죽의 상태에 따라 실시한다.

볼륨을 위한 과도한 믹싱은 반죽의 산화를 불러와 빵의 색이나 풍미가 저해될 수 있으니 80% 믹싱 후 접기를 통해 볼륨을 얻을 수 있으니 참고하자.

2) 오토리즈 반죽법

프랑스빵의 가장 기본적인 제법으로 밀가루와 물을 섞어 25분~24시간까지 휴지를 준 후 나머지 재료를 넣고 반죽하는 방법이다. 밀가루 속에 있는 효소가 전분과 단백질을 분해시켜 전분은 설탕으로 변하고 단백질은 글루텐으로 바뀐다. 그리고 반죽을 부드럽게 하고 신장성을 증대시키며, 믹싱 시 산소와의 마찰을 줄일 수 있어 맛과 색이 좋은 빵을 얻을 수 있다.

3) 폴리쉬 반죽법

폴란드 제빵법에서 유래되었으며 물과 밀가루 1:1, 소량의 이스트나 르방을 넣어 발효시킨 반죽이다. 이스트나 르방의 양에 따라 발효시간이 2시간~24시간까지 조절 가능하며, 폴리쉬를 사용하는 이유는 빵의 풍미와 노화를 늦출 수 있으며 볼륨감을 좋게 하고 좋은 기공을 얻기 위해서다.

③ 유산균이 살아 있는 천연발효종 만들기

르방 리퀴드 : 액체타입(산미가 적으며 관리가 까다롭다)

르방뒤흐 : 고형질 타입(산미가 강하고 관리가 수월하며, 르방뒤흐는 물량을 절반으로 줄이고 만드는
과정은 동일하다)

① 1일차

- 호밀 90g + 물 100g + 꿀 10g
- 전 재료를 넣고 잘 섞어준 뒤 실온에서 24시간 발효한다.

② 2일차

- 1일차 전량 + T65 200g + 물 200g
- 전 재료를 넣고 잘 섞어준 뒤 실온에서 12시간 발효한다.

③ 3일차

- 2일차 전량 + T65 400g + 물 400g
- 전 재료를 넣고 잘 섞어준 뒤 실온에서 12시간 발효한다.

④ 4일차

- 3일차 전량 + T65 800g + 물 800g
- 전 재료를 넣고 잘 섞어준 후 실온에서 12시간 발효한다. 5일차부터는 쓴 만큼 리프레쉬가 가능
하며 냉장고에 보관하며 사용이 가능하다.

4 1회성 천연발효종 만들기

1회성 발효종은 바쁘고 인력난을 겪으면서 고가인 발효종 기계에 대한 부담을 느낄 때 매우 효과적인 방법으로 현재 천연원료를 바탕으로 ㈜풍림무약에서 단독수입하며 사용방법 및 제조가 매우 쉽고 간편하다.

맥아에서 추출한 천연사워종 제품으로 독특한 향을 생성하고 빵의 풍미와 맛을 더욱 좋게 해주는 점은 1회성 발효종(레비또마드레)의 가장 큰 장점이다. 바삭한 식감과 pH로 인한 풍부한 수분함량은 빵의 촉촉함을 오래 유지시켜 주며 유산균이 풍부하다.(현재 재료상에서 쉽게 구매할 수 있다.)

① 르방 리퀴드 만드는 법

- 강력분 450g
- 레비또마드레(1회성 발효종) 50g
- 물(냉수 5℃) 500g

모든 재료를 믹싱볼에 넣고 거품기로 섞은 후 발효실이나 실온에 두고 두 배 크기까지 크면 바로 사용가능하며, pH가 안정적이어서 냉장고에 두고 최대 4일까지 사용 가능하다.
(라프레시는 권장하지 않으며 소진 시점에서 만들어 사용하기를 권장한다.)

② 르방뒤흐(단단한 르방) 만드는 법

- 강력분 450g
- 레비또마드레(1회성 발효종) 50g
- 물 300g

모든 재료를 믹싱볼에 넣고 훅으로 섞은 후 발효실이나 실온에 두고 두 배까지 부풀면 바로 사용 가능하며, pH가 안정적이어서 냉장고에 두고 최대 4일까지 사용 가능하다.
(라프레시는 권장하지 않으며 소진 시점에서 만들어 사용하기를 권장한다.)

⑤ 건포도 액종

재료 건포도 500g, 물 1000g, 꿀 100g

공정 ❶ 건포도는 따뜻한 미온수에 가볍게 씻어주고, 흐르는 찬물에 다시 한 번 헹궈준다.

❷ 유리병을 80℃의 따뜻한 물로 소독해 준비해 둔다.

❸ 유리병에 물과 꿀을 넣어 섞어준다.

❹ 세척한 건포도를 유리병에 넣어준다.

❺ 뚜껑을 닫고 상온에서 발효시킨다.

❻ 하루에 한 번에서 두 번씩 흔들고 뚜껑을 잠시 열어준다. 뚜껑을 열어 새로운 공기가 들어가야 표면에 곰 팡이가 생기는 것을 막을 수 있다.

❼ 발효가 완료되면 건포도는 위에 뜨고 색은 진한 갈색으로 변해간다.

❽ 발효가 완료되면 건포도를 체에 걸러낸다.

❾ 걸러낸 액종은 다시 유리병에 넣어 5℃의 냉장고에서 보관하며 사용 가능하다.

⑥ 1회성 르방뒤흐/리퀴드

재료 레비또마드레(풍림무약) 50g, 물 500g, 강력분 450g

공정 ❶ 스텐볼에 레비또마드레와 강력분을 넣고 섞어준다.

❷ ①에 물을 넣어 섞어준다.

❸ 르방을 통이나 병에 담아 시작지점을 표시해 둔다.

❹ 르방을 담은 통에 두 배 완료지점을 표시한다.

❺ 실온이나 30℃ 발효실에서 2배 높이까지 발효시킨다.

❻ 2배 높이까지 발효가 완료되면 5℃ 냉장고에 보관하며 5일 동안 사용이 가능하다.

(르방뒤흐는 리퀴드 물의 양을 1/2로 줄여서 만들면 된다.)

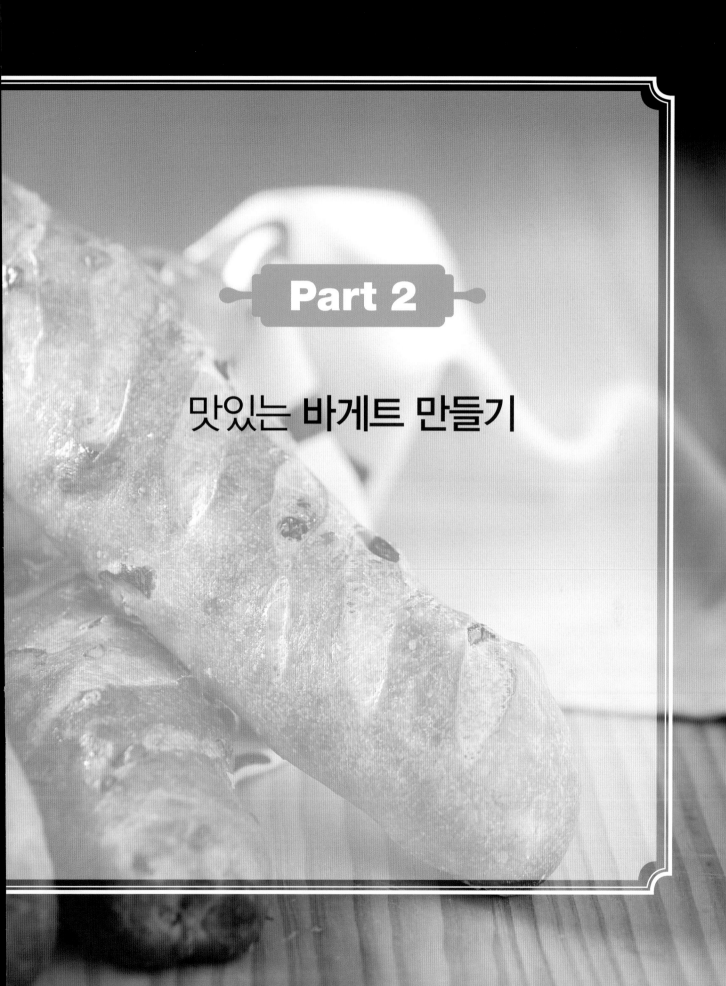

Part 2

맛있는 바게트 만들기

폴리쉬 바게트

프랑스 하면 떠오르는 빵이며 프랑스인들에게 사랑받는 식사 빵 중 하나이다. 가장 기본적이면서도 까다로운 빵이다. 일반 바게트와 달리 폴리쉬를 만들어 넣어 바삭한 크러스트와 풍미가 매우 좋다.

Tip

믹싱을 100% 하면 케로티노이드 산화반응에 의해 빵이 산화되어 빵의 풍미와 속결이 나빠지므로, 믹싱은 80%에서 마친 후, 접기를 통해 글루텐을 만들어준다. 폴리쉬 반죽 포인트는 충분히 발효된 후 꺼지기 전까지를 100%로 보면 된다.

재료

*반죽

폴리쉬 반죽	(g)
트레디션 T65	375
물	375
생이스트	2

본반죽	(g)
트레디션 T65	575
호밀	50
물	375
몰트	10
생이스트	5
천일염	20
르방 리퀴드	300
총중량	2087

주요 공정

폴리쉬 반죽
트레디션 T65, 물, 생이스트를 혼합(실온 180분 발효) 〉 7℃ 냉장고 12시간 발효) (반죽온도 22~23℃)

본반죽
믹싱 저속 2분 〉 중속 5분 〉 소금 투입 (후염법) 〉 80% 믹싱 완료(완료온도 23~24℃) 30분 후 1회 접기

1차 발효
5℃ 냉장고에서 15시간 장시간 저온 숙성

분할/벤치타임
300g/40분

성형
60cm의 긴 바게트 모양

2차 발효
자연발효실에서 40~50분

굽기
쿠프, 스팀 주입
260/230℃, 20~25분

이스트 양에 따른 폴리쉬 완성시간

폴리쉬 완성시간	18h	12h	6h	2h
이스트양/1L	1~2g	3~4g	8~10g	18~20g

이스트양 계산법

40÷폴리쉬 발효시간×물의 양(kg 단위)
=폴리쉬 1차에 사용되는 이스트양

01

볼과 거품기나 주걱을 준비한 후 24℃ 물에 생
이스트를 충분히 풀어준다.

02

1에 T65를 넣고 잘 섞어준 후 발효시킨다(발효
완료점을 100%로 보고 충분히 부풀어서 꺼지
기 전의 상태를 완료점으로 본다.)

03

믹싱볼에 폴리쉬와 르방 리퀴드, 물, T65, 몰트
를 넣고 25분간 오토리제한다.

04

오토리제가 끝난 후 소금과 생이스트를 넣고 믹
싱을 80%까지 완료한다.

05

반죽이 완성되면 30분간 실온에 둔다.

06

30분 후 넓게 펼쳐진 반죽상태가 되면 접기를
한다.

07

접기는 힘을 가하지 않고 양끝을 손바닥으로 가
볍게 들어 각 2/3 지점까지 접은 후 상, 하 한
번씩 접어 네모나게 만든다.

08

접기 완료 후 5℃의 냉장고에서 15시간 저온 숙
성한다.

09

저온 발효된 반죽을 300g씩 분할 후 50분간 실
온에서 벤치타임에 들어간다.

10

벤치타임이 끝나면 손바닥으로 가볍게 두드려 가스를 빼면서 늘려준다.

11

위에서 아래로 접고 아래에서 위로 접어 겹쳐준다.

12

손바닥 끝부분을 이용해 2단 접기해 준다.

13

양끝부분을 뾰족하게 성형한다.

14

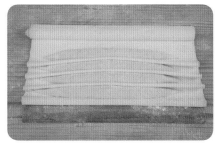

반죽을 리넨천 위에 이음매가 윗부분으로 가게 놓은 후 30분간 자연발효실에서 2차 발효시킨다. 2차 발효가 끝나면 캔버스에 옮겨 쿠프를 넣은 후, 상 260℃, 하 230℃의 유로오븐에서 1차 스팀 주입 후 바게트를 넣고 2차 스팀을 준 뒤 25분간 굽는다.

MEMO

에멘탈 치즈 바게트

에멘탈 치즈는 스위스의 한 조각이라 표현될 만큼 스위스를 대표하는 치즈로 표면에 구멍이 뚫려 있고 유럽에서는 전체 우유 생산량의 6%를 에멘탈 치즈로 만들 만큼 사랑받고 있다. 프랑스 밀가루 T65와 에멘탈 치즈의 조합으로 바삭하고 고소한 크러스트에 에멘탈 치즈의 맛을 더했다.

재료	
*반죽	
폴리쉬 반죽	(g)
트레디션 T65	300
물	300
생이스트	4
본반죽	(g)
트레디션 T65	700
물	500
생이스트	6
천일염	20
르방 리퀴드	200
올리브오일	30
몰트	10
총중량	2070

주요 공정
폴리쉬 반죽
트레디션 T65, 물, 생이스트를 혼합 (반죽온도 22~23℃) p.19 참조
본반죽
믹싱 저속 2분 〉중속 5분 〉소금, 르방 리퀴드, 생이스트 투입(후염법) 〉믹싱 완료(완료온도 23~24℃)
1차 발효
5℃ 냉장고에서 15시간 장시간 저온 숙성
분할/벤치타임
200g/40분
성형
에멘탈 치즈 150g을 포앙한 20cm의 스틱모양 윗면에 슈레드 에멘탈 치즈를 묻힌다.
2차 발효
자연발효실에서 30~40분
굽기
스팀 주입 240/220℃, 15분

블럭 에멘탈 치즈는 너무 크지 않게 1×1cm 크기로 잘라주어야 구우면서 터짐을 방지할 수 있다. 그리고 이음새를 잘 봉해주어야 한다.

01

소금을 제외한 전 재료를 넣고 믹싱한다.

02

믹싱이 80%까지 되었을 때 소금을 넣고 녹을 정도로 잘 섞어준 후 믹싱을 완료한다.

03

반죽이 완성되면 30분간 실온에 둔다.

04

30분 후 넓게 펼쳐진 반죽상태가 되면 접기를 한다.

05

접기는 힘을 가하지 않고 양끝을 손바닥으로 가볍게 들어 각 2/3 지점까지 접은 후 상, 하 한번씩 접어 네모나게 만든다.

06

접기 완료 후 5℃ 냉장고에서 15시간 저온 숙성한다.

07

저온 발효된 반죽을 200g씩 분할 후 50분간 실온에서 벤치타임에 들어간다.

08

가볍게 두드려 가스를 뺀 후 깍두기 모양으로 썰어둔 에멘탈 치즈를 150g씩 반죽 위에 올린다.

09

위에서 아래로 2/3지점까지 접어서 치즈가 흘러나오지 않도록 눌러준다.

10

양끝 모서리를 잡고 타원형이 되도록 한 번 더 접어준다.

11

반죽의 끝부분을 손바닥 끝으로 눌러 장방형으로 모양을 만든다.

12

성형이 완성된 반죽 윗면에 붓으로 물을 바른 후, 슈레드 에멘탈 치즈를 가볍게 묻혀준다.

13

성형이 끝난 반죽은 30분간 발효 후 상 240℃, 하 220℃의 유로오븐에서 스팀 주입 후 18분간 굽는다.

MEMO

올리브 바게트

이탈리아를 비롯한 지중해 유역의 요리에서 많이 쓰이는 올리브를 바게트에 첨가하여 올리브 고유의 풍미가 살아나며 또한 올리브오일을 반죽에 넣었기 때문에 질감 또한 부드러운 바게트이다.

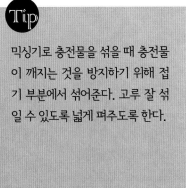

Tip

믹싱기로 충전물을 섞을 때 충전물이 깨지는 것을 방지하기 위해 접기 부분에서 섞어준다. 고루 잘 섞일 수 있도록 넓게 펴주도록 한다.

재료

*반죽

본반죽	(g)
강력분	100
설탕	30
드라이R	4
스펀지	300
리퀴드	300
물	800
소금	20
올리브오일	80
크리스탈	10
탕종	50

*충전물	(g)
호두	200
건포도	200
블랙올리브	200
총중량	2294

주요 공정

오토리제
올리브오일, 호두, 건포도, 블랙올리브, 이스트를 제외한 전 재료를 넣고 1분간 믹싱
20~60분 오토리제

본반죽
믹싱 저속 2분 〉 중속 6분 〉 충전물 투입 〉 믹싱 완료(완료온도 22~23℃)

1차 발효
5℃의 냉장고에서 15시간 장시간 저온 숙성

분할/벤치타임
250g/50분

성형
25cm 바게트 모양

2차 발효
자연발효실에서 40~50분

굽기
쿠프, 스팀 주입
260/230℃, 20분

01

소금, 올리브오일, 탕종, 드라이 이스트, 충전물을 제외한 전 재료를 넣고 2분간 저속 믹싱한다.

02

2분간 저속 믹싱이 끝난 후 20분에서 60분간 오토리제를 한다.

03

오토리제가 끝난 후 소금과 이스트를 넣고 믹싱을 80%까지 완료한 뒤 30분간 실온에 둔다.

04

30분 후 넓게 펼쳐진 반죽상태가 되면 충전물 호두, 건포도, 올리브를 반죽 위에 올린다.

05

상, 하, 좌, 우 방향으로 접기를 하면서 충전물을 고루 섞어준다.

06

충전물이 고루 섞이면 5℃ 냉장고에 15시간 장시간 저온 숙성한다.

07

저온 발효된 반죽을 250g씩 분할한다.

08

250g씩 분할된 반죽을 실온에서 50분간 발효시킨다.

09

벤치타임이 끝나면 손바닥으로 가볍게 두드려 가스를 빼준 후 블랙올리브를 30g씩 올린다.

10

위에서 아래로 접고 아래에서 위로 접어 겹쳐준
다.

11

손바닥 끝부분을 이용해 2단 접기를 한 후
25cm로 성형한다.

12

성형이 끝난 반죽을 리넨 천 위에 이음매가 윗
부분으로 가게 성형한 후 50분간 자연발효실에
서 2차 발효시킨다. 2차 발효가 끝나면 캔버스
에 옮겨 쿠퍼를 넣은 후, 상 260℃, 하 230℃의
유로오븐에서 스팀을 주고 20분간 굽는다.

MEMO

초코 바게트(파베이킹)

초코바게트 반죽에 초코칩을 넣고 구워낸 뒤, 다시 열에 녹지 않는 초코 가나슈로 채운 바게트이다. 한번에 대량으로 만든 후 냉동보관하며 5분 안에 쉽게 구울 수 있는 파베이킹 제품을 만들어보았다. 바삭한 식감과 진한 가나슈가 일품이다.

가나슈에 크리미비트가 들어가므로 구운 후 가나슈를 충전하여 냉동실에 보관하면서 파베이킹으로 쓸 수 있다. 가나슈가 녹지 않으므로 언제든지 필요에 따라 구울 수 있다.

재료

*반죽

본반죽	(g)
강력분	900
코코아파우더	100
설탕	50
소금	20
쇼트닝	30
드라이이스트	15
계란	1개
몰트	10
르방 리퀴드	300
물	680
스펀지	200
크리스탈	10

*충전물

초코칩	(g)
초코칩	100
총중량	2475

*초코 가나슈

다크초콜릿	(g)
다크초콜릿	250
생크림	250
크리미비트	60
카카오매스	10

주요 공정

본반죽
믹싱 저속 2분 〉 중속 8분 〉 믹싱 완료(완료온도 26~27℃)

1차 발효
실온 20분 〉 펀치 〉 실온 20분 〉 1차 발효 완료

분할/벤치타임
120g/10분

성형
22cm 바게트 모양으로 성형
밑면에 파에테 포요틴을 묻힌다.

2차 발효
32℃ 70%, 30분

굽기
220℃ 스팀 주입 후 160℃로 온도를 낮춘다.
30분

마무리
구워져 나온 바게트의 윗면을 반으로 자른 후 가나슈를 길게 짜준다.

01

강력분, 코코아, 설탕을 믹싱볼에 넣고 골고루 섞어준 후 물을 넣는다.

02

초코칩을 제외한 나머지 재료를 넣고 100% 믹싱 후 초코칩을 넣고 스크래퍼를 이용해 고루 섞어준다.

03

30분 후 접기를 1회 하면 20분 뒤 반죽은 부드럽고 탄력 있는 상태가 된다.

04

반죽을 120g씩 분할한다.

05

반죽에 힘을 가하지 않고 가볍게 둥글리기한다.

06

분할한 반죽은 20분간 벤치타임을 갖는다.

07

벤치타임이 끝난 후 반죽을 손바닥으로 두드려 가스를 빼준다.

08

반죽을 상, 하로 가볍게 접어준 뒤 손바닥 끝으로 누르면서 성형한다.

09

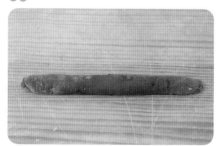

22cm 길이로 성형을 마무리한 후, 윗면에 붓으로 물을 가볍게 발라준다.

10

윗면에 물을 바른 반죽을 파이테포요틴에 가볍게 묻혀준다.

11

파이테포요틴을 위로 들어 올린 후 과하게 묻은 과자가루를 털어준다.

12

철판에 4개씩 패닝 후 32℃ 발효실에서 30분 발효 후, 컨벡션 오븐 220℃에서 스팀 분사 후 170℃로 내린 뒤 30분간 구워준다.
구워져 나온 바게트의 윗면을 반으로 자른 후 가나슈를 길게 짜준다.

MEMO

먹물 치즈 바게트

오징어 먹물은 인체에 무해하고 맛도 좋아 요리에 많이 사용하는 재료 중 하나이다. 부드러운 바게트에 쫄깃한 롤치즈를 더해 오징어 먹물과 아주 잘 어울린다.

재료	
＊반죽	
본반죽	(g)
강력분	700
소프트T	400
생이스트	30
스펀지	300
물	720
소금	20
버터	40
먹물	20
르방 리퀴드	200
크리스탈	10
＊충전물	(g)
롤치즈	100
총중량	2540

주요 공정

본반죽
믹싱 저속 2분 〉 중속 10분 〉 충전물 혼합 〉 믹싱 완료(완료온도 26∼27℃)

1차 발효
실온 20분 〉 펀치 〉 실온 20분 〉 1차 발효 완료

분할/벤치타임
150g/10분

성형
롤치즈 40g을 포앙한 20cm의 스틱모양

2차 발효
자연발효실에서 50분

굽기
쿠프, 스팀 주입
260/230℃, 15∼18분

Tip

1. 반죽에 롤치즈가 들어가므로 오븐에서 타는 것을 방지하기 위해 실리콘 페이퍼에 올려놓은 후에 굽는다.
2. 쿠프를 너무 깊게 넣으면 치즈가 밖으로 흘러나와 치즈 맛에 영향을 줄 수 있으므로 쿠프는 깊지 않게 넣는 것이 좋다.

01

롤치즈를 제외한 나머지 재료를 모두 넣고 믹싱을 완료한다.

02

믹싱 완료 후 롤치즈를 넣고 스크래퍼를 이용해 골고루 섞어준다.

03

20분 후 넓게 펼쳐진 반죽상태가 되면 접기를 한다.

04

힘을 가하지 않고 양끝을 손바닥으로 가볍게 들어 각 2/3 지점까지 접은 후 상, 하 한 번씩 접어 네모나게 만든 뒤 20분간 더 발효시킨다.

05

1차 발효를 끝낸 후 반죽을 150g씩 분할 후 가볍게 둥글린다.

06

분할한 반죽은 10분간 벤치타임을 갖는다.

07

벤치타임이 끝난 후 반죽을 손바닥으로 두드려 가스를 빼준 뒤 롤치즈를 40g씩 올려준다.

08

반죽을 상, 하로 가볍게 접어주어 롤치즈가 흘러 나오지 않게 눌러준다.

09

접어준 반죽은 손바닥 끝으로 누르면서 성형한다.

10

성형이 끝난 반죽을 리넨 천 위에 이음매가 윗
부분으로 가게 성형해 놓은 후 30분간 자연발
효실에서 2차 발효시킨다.

11

2차 발효가 끝나면 캔버스에 옮겨 쿠프를 넣은
후, 상 260℃, 하 230℃의 유로오븐에서 스팀을
준 후 15분간 굽는다.

MEMO

양파 베이컨 바게트

베이컨은 돼지의 옆구리 살을 소금에 절인 후 훈연시킨 것이다. 양파 베이컨 바게트는 양파와 크림치즈, 후추로 맛을 더해 한 끼 식사나 간식으로 충분한 조리 빵이다.

베이컨은 너무 바싹 익지 않도록 하며 후추는 통후추를 갈아서 사용하면 향이 더욱 좋아진다.

재료

*반죽

본반죽	(g)
강력분	1000
설탕	40
소금	20
분유	20
물	750
올리브오일	50
건조양파	30
생이스트	35
스펀지	300
르방 리퀴드	300

*충전물

충전물	(g)
크림치즈	200
양파	2개
베이컨	10개
통후추	1
소금	5
롤치즈	500
가는 에멘탈 치즈	500
총중량	3751+α(양파, 베이컨)

주요 공정

오토리제 반죽
강력분, 설탕, 물, 분유 혼합 후 30분간 오토리제

본반죽
믹싱 저속 2분 〉 중속 8분 〉 소금 혼합 〉 올리브오일 혼합 〉 믹싱 완료(완료온도 22~23℃)

1차 발효
5℃ 냉장고에서 15시간 장시간 저온 숙성

분할/벤치타임
200g/40분

성형
충전물 120g을 포앙 후 25cm의 스틱 모양

2차 발효
자연발효실에서 40~50분

굽기
스팀 주입
260/230℃, 15~18분

충전물
만드는 법 참조

01

강력분, 설탕, 물, 분유 혼합 후 30분간 오토리제 한다.

02

오토리제가 끝난 후 소금과 올리브오일을 넣고 믹싱을 80%까지 완료한다.

03

30분 후 넓게 펼쳐진 반죽상태가 되면 접기를 한다.

04

힘을 가하지 않고 양끝을 손바닥으로 가볍게 들어 각 2/3 지점까지 접은 후 상, 하 한 번씩 접어 네모나게 만들어준다.

05

접기를 준 후 5℃ 냉장고에 15시간 저온 숙성한다.

06

발효 완료된 반죽을 200g씩 분할한 뒤 가볍게 둥글린 후 40분간 실온에서 벤치타임에 들어간다.

07

벤치타임이 끝나면 밀대로 밀어 가스를 빼주면서 늘려준다.

08

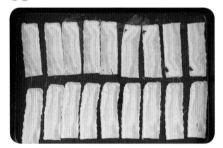

베이컨을 미리 알맞은 크기로 잘라 오븐에서 3분간 구워 놓는다.

09

양파는 사전에 깍두기 모양으로 썰어 후추와 함께 오븐에서 고루 섞어가며 구워 놓는다.

10

충전물의 모든 재료를 한곳에 넣고 충전물이 으깨지지 않도록 가볍게 섞는다.

11

밀대로 밀어 놓은 반죽에 충전물을 120g씩 올려 놓는다.

12

충전물이 밖으로 새지 않게 스틱모양으로 말아 준다.

13

성형이 끝난 반죽의 윗면에 물을 바르고 혼합 치즈를 1/2 정도 묻혀준다.

14

실리콘 페이퍼에 패닝 후 자연발효실에서 40~50분간 2차 발효 완료한 뒤 상 260℃, 하 230℃의 유로오븐에서 스팀 후 10분간 굽는다.

MEMO

고르곤졸라 바게트

고르곤졸라 치즈는 이탈리아의 대표적인 블루치즈로 달콤하고 톡 쏘는 맛이 특징이다. 바게트를 더해서 고르곤졸라 특유의 맛이 일품인 바게트이다.

재료	
*반죽	
본반죽	(g)
강력분	900
박력분	100
설탕	60
옥수수분말	30
소금	20
분유	40
버터	60
생이스트	30
물	630
르방 리퀴드	200
크리스탈	10
총중량	2080
*토핑	(g)
버터	300
고르곤졸라	300
설탕	200
계란	2개
연유	150
소금	2

주요 공정

본반죽

믹싱
저속 2분 〉 중속 8분 〉 믹싱 완료(완료온도 26~27℃)

1차 발효
실온 20분 〉 펀치 〉 실온 20분 〉 1차 발효 완료

분할/벤치타임
120g/10분

성형
15cm의 스틱모양
끝부분을 뾰족하게 만든다.

2차 발효
33℃ 75% 30분

굽기
중간부분을 수직으로 가른 후 토핑을 짜준다.
스팀 주입 170℃, 15분

토핑
만드는 법 참조

Tip

고르곤졸라의 향이 강하기 때문에 토핑을 짤 때 과하지 않도록 주의한다. 2차 발효가 과할 경우, 쿠프할 때 반죽이 꺼지므로 주의한다.

01

버터를 제외한 전 재료를 넣고 글루텐이 70% 단계에 이르도록 한다.

02

70% 단계까지 믹싱 후 마지막 단계에 버터를 넣고 믹싱을 완료한다.

03

반죽이 완성되면 표면을 매끄럽게 만들어 20분간 1차 발효에 들어간다.

04

20분 후 좌, 우로 두 번 접어준 뒤 상, 하로 다시 두 번 접어준다.

05

1차 발효가 끝나면 탄력적이고 매끈한 반죽이 완성된다.

06

120g으로 분할 후 가볍게 둥글린 뒤 10분간 실온에서 벤치타임에 들어간다.

07

벤치타임이 끝난 후 반죽을 손바닥으로 두드려 가스를 빼준 뒤 반죽을 위에서 아래로, 아래에서 위로 각각 접어 눌러준다.

08

손끝을 이용해 15cm의 스틱모양으로 눌러 말아준 뒤 반죽의 끝을 뾰족하게 성형한다.

09

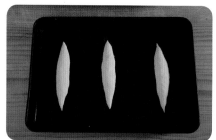

철판에 3개씩 패닝 후 30분간 2차 발효에 들어간다.

10

2차 발효가 끝난 후 1cm 깊이의 일직선으로 쿠프를 내준다.

11

토핑을 쿠프 안에 길게 짜준 후 200℃의 컨벡션 오븐에 스팀을 준 뒤 170℃로 온도를 내리고 15분간 굽는다.

MEMO

크리스피 바게트

바게트의 단단하고 질긴 맛이 없고 처음부터 끝까지 바삭하고 고소하며 크리스피한 맛을 느낄 수 있는 바게트이다.

 Tip

성형할 때 손으로 반죽을 스틱 모양으로 말고 옥수수 크런치를 골고루 많이 묻혀야 바삭함을 살릴 수 있다.

재료	
*반죽	
본반죽	(g)
강력분	900
크라프트 믹스	100
설탕	50
소금	20
쇼트닝	50
드라이이스트	15
계란	1개(60)
몰트	10
르방 리퀴드	300
물	600
분유	30
스펀지	200
크리스탈	10
총중량	2345
*크림치즈크림	(g)
크림치즈	250
설탕	70
생크림	76
*토핑	(g)
옥수수 크런치	적당량

주요 공정

본반죽
믹싱 저속 2분 〉 중속 8분 〉 믹싱 완료(완료온도 26~27℃)

1차 발효
실온 20분 〉 펀치 〉 실온 20분 〉 1차 발효 완료

분할/벤치타임
130g/10분

성형
22cm의 바게트 모양
윗면에 옥수수 크런치를 묻힌다.

2차 발효
32℃ 75%, 50분

굽기
220℃ 스팀 주입 후 160℃로 온도를 낮춘다.
30분

마무리
식힌 후 반으로 갈라 크림치즈크림을 80g 짜준다.

크림치즈크림
만드는 법 참조

01

쇼트닝을 제외한 전 재료를 넣고 글루텐이 70% 단계에 이르도록 한다.

02

70% 단계까지 믹싱 후 마지막 단계에 쇼트닝을 넣고 믹싱을 완료한다.

03

반죽이 완성되면 표면을 매끄럽게 만들어 20분간 1차 발효에 들어간다.

04

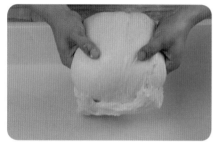

20분 후 좌, 우로 두 번 접어준 뒤 상, 하로 다시 두 번 접어준다.

05

1차 발효가 끝난 반죽을 130g씩 분할 후 가볍게 둥글려 10분간 실온에서 벤치타임을 가진다.

06

손으로 가볍게 가스를 빼준 후 넓혀준다.

07

위에서 아래로 2/3 지점까지 접어준 후 아래에서 위 끝부분까지 접어 덮어준다.

08

2단 접기 완료 후 22cm의 스틱모양으로 성형한다.

09

성형이 끝난 반죽의 윗면에 물을 바르고 옥수수 크런치를 묻혀준다.

10

철판에 4개씩 패닝 후 컨벡션 오븐 220℃에서
스팀을 주입한 뒤 160℃로 온도를 낮춰 30분간
구워낸다.
식힌 후 반으로 가른 뒤 크림치즈크림을 80g씩
짜준다.

MEMO

Part 3

건강한 호밀 & 통밀빵 만들기

호밀 10% 이상 사용한
빵 오 세이글

빵 오 세이글은 호밀함량이 최소 10% 이상인 호밀빵을 말하며, 호밀 특유의
향이 적어 처음 접하는 사람도 쉽게 다가갈 수 있는 빵이다.

재료

*반죽

본반죽	(g)
호밀가루	300
강력분	700
스펀지	300
소금	20
물	750
생이스트	4
르방 리퀴드	200
총중량	2284

주요 공정

본반죽
믹싱 저속 2분 〉 중속 5분 〉 믹싱 완료(완료온
도 24~25℃)

1차 발효
실온 20분 〉 1차 접기 〉 실온 20분 〉 2차 접기
〉 발효 완료

분할/벤치타임
700g/20분

성형
둥글리기 후 바네통에 패닝

2차 발효
자연발효실에서 바네통의 90%

굽기
쿠프, 스팀 주입
250/230℃, 30분

Tip

호밀이 10% 이상 들어가서 밀가루
양이 충분하다. 접기를 통해 힘을
만들어주면 볼륨이 크게 나온다.
호밀 함량이 적으므로 누구나 쉽
게 접할 수 있는 세이글이다.

01

모든 재료를 믹싱볼에 넣는다.

02

믹싱은 저속으로 발전단계까지 한다.

03

실온에 20분간 1차 발효한다.

04

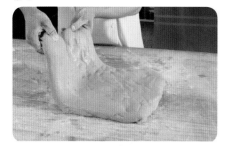

20분 후 좌, 우로 가볍게 접어준다.

05

상, 하로 한 번 더 가볍게 접는다.

06

20분간 발효를 더 진행한다.

07

1차 발효 후 분할한 뒤 벤치타임을 20분간 갖는다.

08

바네통에 가루를 충분히 뿌려 준비해 둔다.

09

벤치타임이 끝난 반죽은 가볍게 두드려 가스를 뺀 후 동그랗게 접어 원형으로 말아준다.

10

바네통에 매끈한 부분이 밑으로 가게 하고 이음매 부분이 위로 가게 한다.

11

반죽을 가볍게 눌러 수평이 되도록 한 후 자연 발효실에서 바네통의 90%까지 발효한 뒤 꺼내서 쿠프를 넣고 상 250℃, 하 230℃의 유로오븐에서 스팀 주입 후 35분간 굽는다.

MEMO

호밀 50% 이상 사용한
빵 드 메테유

빵 드 메테유는 호밀함량이 50% 이상인 호밀빵을 말하며, 나머지는 밀가루를 넣고 만들어 호밀 특유의 맛과 향이 적절하다.

재료	
*반죽	
본반죽	(g)
호밀가루	700
강력분	300
스펀지	300
소금	20
물	700
생이스트	4
르방 리퀴드	200
총중량	2234

주요 공정

본반죽
믹싱 저속 2분 〉 중속 5분 〉 믹싱 완료(완료온도 24~25℃)

1차 발효
실온 20분 〉 1차 접기 〉 실온 20분 〉 2차 접기 〉 발효 완료

분할/벤치타임
500g/20분

성형
장방형으로 성형

2차 발효
자연발효실에서 2배 크기로 발효

굽기
쿠프, 스팀 주입
250/230℃, 35분

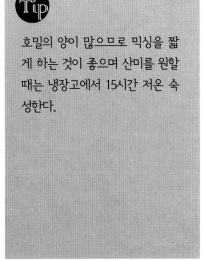

Tip
호밀의 양이 많으므로 믹싱을 짧게 하는 것이 좋으며 산미를 원할 때는 냉장고에서 15시간 저온 숙성한다.

01

모든 재료를 믹싱볼에 넣는다.

02

믹싱은 저속으로 발전단계까지만 한다.

03

실온에 20분간 1차 발효한다.

04

1차 발효 20분 후 1차 접기, 20분 후 2차 접기, 15분 뒤 완료 후 500g씩 분할한다.

05

벤치타임 20분이 끝나면 반죽을 두드려 가스를 빼준 후 위에서 아래로 접어준다.

06

양옆을 접어 타원형으로 모양을 잡아준다.

07

손바닥 끝부분을 이용해 눌러 잘 마무리한다.

08

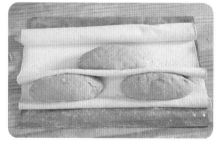

반죽을 리넨 천 위에 이음매가 윗부분으로 가게 성형해 놓은 후 자연발효실에서 2배 크기가 되도록 2차 발효시킨다.

09

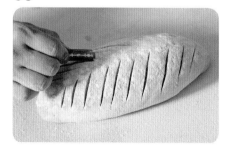

쿠프는 약간 깊게 넣어주며 유로오븐에 상 250℃, 하 230℃에서 35분간 굽는다.

MEMO

호밀 65% 이상 사용한
빵 드 세이글

빵 드 세이글은 호밀함량이 65% 이상인 호밀빵을 말하며, 호밀함량이 많으므로 빵의 볼륨이 작아서 르방이나 스펀지반죽을 사용하여 볼륨을 높여야 한다. 호밀 특유의 맛과 향이 강하다.

재료	
*반죽	
본반죽	(g)
호밀가루	900
강력분	100
스펀지	800
소금	20
물	700
생이스트	4
르방 리퀴드	200
총중량	2734

주요 공정

본반죽
믹싱 저속 2분 〉 중속 5분 〉 믹싱 완료(완료온도 24~25℃)

1차 발효
실온 20분 〉 1차 접기 〉 20분 후 발효 완료

분할/벤치타임
1500g/20분

성형
장방형으로 성형

2차 발효
자연발효실에서 2배 크기로 발효

굽기
쿠프, 스팀 주입
250/230℃, 45분

Tip

호밀함량이 많기 때문에 믹싱을 짧게 해준다. 믹싱이 길어지면 반죽이 처지기 때문이다. 구울 때는 빵의 크기가 크므로 오랜 시간 구워주어야 한다.

01

모든 재료를 믹싱볼에 넣는다.

02

믹싱은 저속으로 발전단계까지만 한다.

03

실온에 20분간 1차 발효한다.

04

1차 발효 20분 후 1차 접기, 20분 후 발효 완료 후 1500g씩 분할한다.

05

벤치타임 20분이 끝나면 반죽을 가볍게 두드려 가스를 뺀다.

06

반죽을 위에서 아래로 접어준다.

07

양옆을 접어 타원형으로 모양을 잡아준다.

08

손바닥 끝부분을 이용해 눌러 잘 마무리한다.

09

반죽을 리넨 천 위에 이음매가 윗부분으로 가게 성형해 놓은 후 자연발효실에서 2배 크기가 되도록 2차 발효시킨다.

10

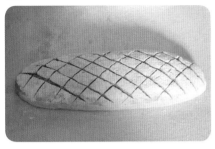

쿠프는 사선으로 약간 깊게 넣어주며, 유로오븐
에 상 250℃, 하 230℃에서 45분간 굽는다.

MEMO

호밀 100% 사용한
천연 호밀빵

천연 호밀빵은 이스트 없이 르방만을 사용하는 대표적인 빵으로 따뜻한 물로
호밀가루를 호화시켜 만드는 호밀향과 특유의 신맛이 강한 빵이다. 천연버터,
훈제연어와 함께 먹거나 샌드위치로 즐겨 먹으면 맛이 일품이다.

Tip

호밀 함량이 100%이므로 글루텐
형성이 불가능하다. 믹싱을 오래
하지 않아야 하며 충분히 섞이면
반죽을 완료해 성형 시에도 조심
스럽게 다뤄주어야 한다. 과하게
반죽 성형 시 갈라짐이 적다.

재료	
*반죽	
호밀 르방	**(g)**
르방 리퀴드	1000
호밀가루	500
소금	10
물(80℃)	500
본반죽	**(g)**
호밀가루	1000
소금	20
물(80℃)	1000
르방 리퀴드	1000
스펀지	300
호밀 르방	**전량**
물(냉수)	300
총중량	**5630**

주요 공정

호밀 르방
저속 2분 〉 믹싱 완료(완료온도 40℃)
실온에서 2배 크기로 발효

본반죽
믹싱 저속 2분 〉 중속 2분 〉 믹싱 완료(완료온
도 35~40℃)

1차 발효
실온에서 3배 크기로 발효

분할
2000g 분할

성형
둥글리기 후 리넨 천을 깐 바네통에 패닝

2차 발효
자연발효실에서 바네통의 100%

굽기
스팀 주입
250/230℃, 50분

01

르방 리퀴드와 호밀가루, 소금을 준비한다.

02

호밀가루와 소금을 섞은 후 르방 리퀴드를 넣고 섞어준다.

03

물을 80℃까지 데운 후 2에 부어준다.

04

나무주걱으로 충분히 섞어준 후 랩을 씌워 2배 크기가 될 때까지 실온에 놓아둔다.

05

믹싱기에 호밀 르방 전량과 본반죽 전 재료를 넣고 충분히 섞이면 브레드 박스에 옮긴 후 3배 크기가 될 때까지 실온에서 발효한다.

06

3배 크기까지 1차 발효가 완료되면 2000g씩 분할한다.

07

분할 후 좌, 우 끝부분을 잡고 가볍게 모아준다.

08
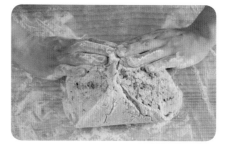

방향을 바꾸어 끝부분을 한 번 더 잡고 모아준다.

09
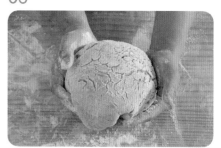

반죽을 뒤집어 반죽 끝을 안쪽으로 모아준다.

10

가볍게 둥글리기 후 리넨 천을 깐 바네통에 이음매가 위로 오도록 패닝한다.

11

윗면을 수평이 되도록 가볍게 눌러준다.

12

자연발효실에서 바네통에 100%까지 발효시킨 후 캔버스에 뒤집어 놓는다. 윗면이 갈라지는 것을 확인 후 상 250℃, 하 230℃의 유로오븐에서 스팀 주입 후 2분 뒤 한 번 더 주입한 뒤 50분간 굽는다.

통밀 50% 사용한
빵 콩플레

통밀을 넣어 만든 빵으로 섬유질이 풍부하며 구울 때 수분을 날려가며 구워야
바삭한 식감이 제맛이다. 크림치즈를 발라먹거나 모짜렐라 생치즈, 루꼴라,
닭가슴살을 이용한 샌드위치에 잘 어울린다.

재료	
*반죽	
본반죽	(g)
통밀가루	500
강력분	500
스펀지	300
소금	20
물	750
생이스트	4
르방 리퀴드	300
분유	30
총중량	2414

주요 공정

본반죽
믹싱 저속 2분 〉 중속 8분 〉 믹싱 완료(완료온
도 24~25℃)

1차 발효
실온 30분 〉 1차 접기 〉 실온 30분 〉 2차 접기
〉 발효 완료

분할/벤치타임
500g/20분

성형
원형 또는 장방형으로 성형

2차 발효
자연발효실에서 2배 크기

굽기
쿠프, 스팀 주입
250/230℃, 30분

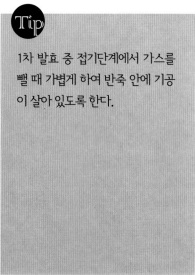

Tip

1차 발효 중 접기단계에서 가스를
뺄 때 가볍게 하여 반죽 안에 기공
이 살아 있도록 한다.

01

모든 재료를 믹싱볼에 넣는다.

02

믹싱은 저속으로 발전단계까지만 한다.

03

실온에서 30분간 발효 후 접기 한다.

04

1차 발효 30분 후 1차 접기, 30분 후 1차 발효 완료 후 500g씩 분할한다.

05

벤치타임 20분이 끝나면 반죽을 두드려 가스를 빼준 후 위에서 아래로 접어준다.

06

양옆을 접어 타원형으로 모양을 잡아준 뒤 손바닥 끝부분을 이용해 눌러 잘 마무리한다.

07

반죽을 리넨 천 위에 이음매가 윗부분으로 가게 성형해 놓은 후 자연발효실에서 2배 크기가 되도록 2차 발효시킨다.

08

사선으로 쿠프를 넣은 뒤 상 250℃, 하 230℃ 의 유로오븐에서 30분간 굽는다.

MEMO

통밀 20% 사용한
냉장발효 천연 통밀빵

통밀 20%를 넣어 만든 빵으로 섬유질이 풍부하며, 15시간 저온 숙성 발효하기 때문에 풍미가 더 깊은 빵이다. 시큼한 산미 또한 이 빵의 매력이기도 하다.

재료	
*반죽	
오토리제	(g)
트레디션 T65	1900
통밀가루	400
몰트	10
물	1650
물(80℃)	500

주요 공정

오토리제 반죽
트레디션 T65, 통밀, 몰트, 물 혼합 후 1시간 오토리제, 반죽온도 20℃

본반죽
믹싱 저속 4분 〉 중속 8분 〉 믹싱 완료(완료온도 22~23℃)

1차 발효
실온 30분 〉 1차 접기 〉 실온 30분 뒤 1차 발효 완료

분할/벤치타임
1000g/20분

성형
둥글리기 후 리넨 천을 깐 바네통에 패닝

2차 발효
5℃의 저온 냉장에서 바네통의 100%까지 2차 발효 완료한다.

굽기
쿠프, 스팀 주입
250/230℃, 40분

Tip

호밀함량이 많기 때문에 믹싱을 짧게 해준다. 믹싱이 길어지면 반죽이 처지기 때문이다. 구울 때는 빵의 크기가 크므로 오랜 시간 구워야 한다.

01

모든 재료를 믹싱볼에 넣는다.

02

믹싱은 저속으로 최종단계까지 한다.

03

실온에 30분간 발효 후 1차 접기를 한다. 30분 뒤 1차 발효를 완료한다.

04

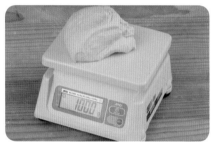

1차 발효 완료 후 1000g씩 분할한다.

05

벤치타임 20분이 끝나면 반죽을 두드려 가스를 빼준다.

06

반죽의 양끝을 손끝으로 모아준다.

07

원형이 되도록 성형한다.

08

리넨 천을 깐 바네통에 이음매가 위로 오도록 반죽을 넣어준 뒤 5℃ 냉장고에서 18시간 동안 바네통의 100%까지 2차 발효를 완료한다.

09

2차 발효 완료 후 쿠프를 넣고 상 250℃, 하 230℃의 유로오븐에서 스팀을 주입한 뒤 40분 간 굽는다.

MEMO

Part 4

인기만점
치아바타 & 포카치아빵
만들기

크림치즈 치아바타

바게트처럼 바삭한 치아바타에서 벗어나 수분율이 높고 올리브유를 넣어
반죽이 매우 부드럽다. 여기에 크림치즈와 크랜베리를 더해 맛을 한층 더
살렸다.

재료	
*반죽	
오토리제	(g)
강력분	1000
물A	750
소프트t	100
르방 리퀴드	200
본반죽	(g)
스펀지	400
물B	50
소금	20
올리브유	100
d.y	4
*충전물	(g)
크림치즈 조각	150
크랜베리	150
롤치즈	100
총중량	3024

주요 공정

오토리제 반죽
강력분, 소프트t, 물A, 르방 리퀴드 혼합 후 30
분간 오토리제

본반죽
믹싱 저속 4분 〉 중속 6분 〉 충전물 혼합 〉 믹
싱 완료(완료온도 22~23℃)

1차 발효
실온 30분 〉 접기 〉 5℃ 냉장고 15시간 〉 발효
완료

분할/벤치타임/성형
반죽을 넓게 편 후 20분간 실온 휴지
8×15cm 분할

2차 발효
자연발효실에서 2배 크기

굽기
스팀 주입
260/230℃, 13분

Tip

수분량이 많으므로 반죽할 때 물
을 서서히 넣어야 한다. 충전물을
넣고 접을 때 충전물의 양이 많으
므로 빠져나오지 않도록 조심해서
재단해야 한다.

01

강력분, 소프트t, 물을 혼합한 후 30분간 오토리제한다.

02

30분 오토리제 완료 후 본반죽에서 올리브오일과 소금, 물B를 제외하고 믹싱 30% 후 나머지 재료를 넣고 믹싱을 완료한다.

03

믹싱 완료 후 실온에서 30분 후 접기를 한 뒤 5℃ 냉장고에서 15시간 저온 숙성한다.

04

저온 숙성이 끝난 반죽을 리넨 천 위에 올려 넓게 펼쳐준다.

05

펼쳐진 반죽에 크림치즈를 깍두기 모양으로 군데군데 놓아준다.

06

5의 반죽에 크랜베리를 골고루 뿌려준다.

07

6의 반죽에 롤치즈를 올려 손으로 골고루 펼쳐준다. 정확히 반을 접은 후 실온에서 20분간 벤치타임을 준다.

08
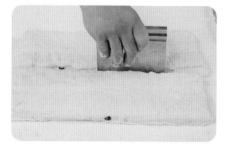

스크래퍼를 이용해 테두리 부분을 정리한 후 가로 15cm로 반을 잘라준다.

09

가로 15cm를 자른 후 세로로 8cm씩 재단한다.

10

리넨 천 위에 반죽을 3개씩 올리고 칸을 접어준
다.

11

반죽의 재단이 끝나면 실온에서 2배 크기까지
자연발효 후 상 260℃, 하 230℃의 유로오븐에
서 스팀을 준 뒤 13분간 굽는다.

MEMO

시금치 할라피뇨 치아바타

영양만점 시금치와 양파, 매콤한 할라피뇨를 넣어 한 끼 식사나 간식으로 먹기에 좋은 치아바타를 만들어보았다.

재료

*반죽

본반죽	(g)
강력분	900
박력분	100
드라이이스트	15
스펀지	300
세몰리나	30
르방 리퀴드	300
소금	10
물	780
몰트	10
올리브오일	50

*충전물	(g)
황색 체다치즈	150
롤치즈	150
양파	150
시금치	150
할라피뇨	150
총중량	3245

주요 공정

본반죽

믹싱 강력분, 몰트, 세몰리나, 르방 리퀴드를 섞은 후 오토리제 20분 후, 스펀지, 이스트, 소금, 올리브오일을 넣고, 저속 3분 〉 중속 6분 〉 반죽 완료

1차 발효

실온 20분 〉 접기 〉 실온 20분 〉 1차 발효 완료

벤치타임

반죽을 넓게 펼쳐 충전물을 뿌린 후 반으로 접어 10분간 휴지

분할/성형

3×20cm로 분할 후 트위스트 모양으로 성형

2차 발효

자연발효실에서 2배 크기

굽기

스팀 주입
260/230℃, 15분

Tip

충전물을 넣고 10분간 휴지할 경우 재단하기 좋게 사각틀에 맞춰서 넓혀주면 재단이 용이하다. 으깬 감자가 들어가므로 믹싱 후반에 투입해야 반죽의 퍼짐을 막을 수 있다.

01

강력분, 세몰리나, 르방 리퀴드, 몰트를 넣고 오
토리제를 20분 한 뒤 전 재료를 넣고 믹싱한다.

02

실온에서 20분 동안 1차 발효를 한다.

03

20분 후 접기를 한 뒤, 20분 더 발효한다.

04

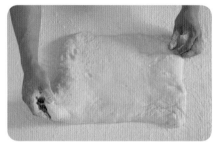

리넨 천 위에서 가볍게 두드리면서 가스를 제거
한 후 반죽을 넓게 펼쳐준다.

05

넓게 펼쳐진 반죽 위에 세척하고 물기를 제거한
시금치를 고루 펼쳐준다.

06

시금치가 펼쳐진 반죽 위에 양파를 고루 펼쳐준
다.

07

6의 반죽 위에 황색 체다치즈를 고루 뿌려준다.

08

7의 반죽 위에 롤치즈와 할라피뇨를 넓게 뿌려
준다.

09

충전물이 고루 펼쳐지면, 반죽의 양끝을 잡고
1/3을 접어준다.

10

반대편의 양끝을 잡고 접어준다.

11

반죽을 살살 눌러가며 충전물과 반죽이 붙도록 사각형으로 누르면서 넓혀준 뒤 10분간 휴지를 갖는다.

12

휴지가 끝난 반죽은 3×20cm로 분할한다.

13

분할이 끝난 반죽은 트위스트 모양으로 성형한다.

14

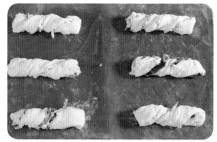

성형이 끝난 반죽은 실리콘 페이퍼 위에 올린 후 자연발효실에서 2배 크기까지 2차 발효한다. 2차 발효가 완료되면 상 260℃, 하 230℃의 유로오븐에서 스팀을 준 뒤 15분간 굽는다.

MEMO

감자 치아바타

치아바타에 감자를 넣어 담백하고 쫄깃해서 발사믹을 곁들이면 맛있게 먹을 수 있다.

재료

*반죽

본반죽	(g)
강력분	900
박력분	100
드라이이스트	10
소금	20
물	700
설탕	60
르방 리퀴드	300
으깬 감자	100
양파 간 것	80
총중량	2270

으깬 감자	(g)
감자분말	90
물	125
설탕	80
소금	7

주요 공정

본반죽
믹싱 저속 3분 〉 중속 8분 〉 으깬 감자 혼합 〉
믹싱 완료(완료온도 23~24℃)

1차 발효
실온 20분 〉 접기 〉 실온 20분 〉 1차 발효 완료

분할/벤치타임/성형
반죽을 넓게 편 후 20분간 실온 휴지
8×12cm 분할

2차 발효
자연발효실에서 2배 크기

굽기
스팀 주입
240/230℃, 10분

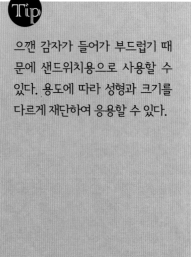

Tip

으깬 감자가 들어가 부드럽기 때문에 샌드위치용으로 사용할 수 있다. 용도에 따라 성형과 크기를 다르게 재단하여 응용할 수 있다.

01

소금, 설탕, 감자분말을 함께 계량한다.

02

물을 넣고 고루 저어준다.

03

5분 경과 후 으깬 감자가 완성된다.

04

3을 제외한 전 재료 믹싱 완료 후 3을 넣고 섞어준다.

05

완료된 반죽은 실온에서 20분간 1차 발효한다.

06

20분 뒤 접기 후 20분 더 발효한다.

07

1차 발효가 완료된 반죽을 리넨 천 위에 올려 가볍게 두드려 가스를 뺀 후 정사각형으로 넓게 펼쳐준 뒤 20분간 휴지를 준다.

08

휴지가 끝난 반죽에 덧가루를 적당히 뿌려 단면과의 차이를 만든 후 8×12cm로 분할한다.

09

실리콘 페이퍼 위에 반죽을 올린 후 자연발효실에서 두 배 크기까지 2차 발효시킨다. 발효가 끝나면 상 240℃, 하 230℃의 유로오븐에서 스팀을 준 뒤 10분간 굽는다.

MEMO

에멘탈 치즈 포카치아

포카치아에 에멘탈 치즈를 넣어 에멘탈 치즈 특유의 맛을 더했다. 액상 에멘탈 치즈를 넣어 치즈를 좋아하는 사람이라면 치즈의 맛을 한껏 즐길 수 있다.

재료	
*반죽	
본반죽	(g)
강력분	800
박력분	200
소금	20
설탕	30
생이스트	20
롤치즈	100
올리브오일	80
물	750
총중량	2000

주요 공정

본반죽

믹싱 강력분, 박력분, 물을 넣고 오토리제 20분, 소금, 설탕, 생이스트. 저속 3분 〉 중속 8분 〉 올리브오일, 충전물 혼합 〉 믹싱 완료(완료 온도 23~24℃)

1차 발효

실온 20분 〉 펀치 〉 실온 30분 〉 1차 발효 완료

분할/벤치타임

150g/20분

성형

액상 에멘탈 치즈를 적당량 짜준 뒤 롤치즈 30g을 올린 후 말아준다.
윗면에 슈레드 에멘탈 치즈를 묻힌다.

2차 발효

자연발효실에서 2배 크기

굽기

스팀 주입
240/230℃, 12분

Tip

액상 에멘탈 치즈가 들어가므로 이음매 부분을 꼼꼼하게 마무리 해 주어야 액상 에멘탈 치즈의 터짐을 막을 수 있다. 에멘탈 치즈가 액상으로 되어 있으므로 액상 에멘탈 치즈의 풍미를 충분히 느낄 수 있다.

01

강력분, 박력분, 물을 넣고 오토리제를 20분간 한다.

02

오토리제가 끝난 반죽을 실온에서 20분간 발효 한다.

03

20분 뒤 접기를 한 후 20분 더 1차 발효한다.

04

1차 발효가 완료된 반죽을 150g씩 분할한다.

05

분할된 반죽을 둥글리지 말고, 길게 말아 성형 하기 편하게 한다.

06

분할이 완료된 반죽은 실온에서 20분 더 벤치 타임을 갖는다.

07

벤치타임이 끝난 반죽은 가볍게 두드려 가스를 뺀 후 액상 에멘탈 치즈를 손가락 두께로 짜준 다.

08

액상 에멘탈 치즈를 짜준 반죽에 롤치즈를 30g 씩 올려준다.

09

롤치즈와 액상 에멘탈 치즈를 짠 반죽을 힘 주 지 않고 기포가 죽지 않게 반으로 접어준다.

10

반으로 접은 반죽은 양끝을 한 번 더 접어준다.

11

반죽 윗면을 잡고 엄지손가락을 이용해 끝부분을 가볍게 밀어준다.

12

붓을 이용해 반죽 윗면에 물을 바른 후 준비해둔 흰색, 황색 슈레드 체다 치즈를 묻혀준다.

13

성형이 완료된 반죽은 실리콘 페이퍼 위에 올린 후 자연발효실에서 2배 크기까지 2차 발효한다. 2차 발효가 끝나면 상 240℃, 하 230℃의 유로 오븐에서 스팀을 준 뒤 12분간 굽는다.

MEMO

올리브 포카치아

15시간 이상 저온 숙성하여 만든 포카치아 반죽에 올리브오일과 블랙올리브
를 넣어 고소하고 쌉싸름한 올리브 향과 맛을 즐길 수 있다.

재료

*반죽

본반죽	(g)
강력분	900
박력분	450
디어바게트	100
생이스트	4
바질	10
스펀지	350
르방 리퀴드	300
물	1000
소금	18
올리브유	90
몰트	10

*충전물	(g)
블랙올리브	150
롤치즈	150
총중량	3554

주요 공정

본반죽

믹싱 올리브유, 충전물을 제외한 전 재료를 넣
고, 저속 3분 〉 중속 8분 〉 올리브오일, 충전물
혼합 〉 믹싱 완료(완료온도 22~23℃)

1차 발효

실온 30분 〉 접기 〉 5℃ 냉장고 15시간 〉 1차
발효 완료

분할/벤치타임

170g/40분

성형

블랙올리브 20g을 넣고, 장방형으로 성형

2차 발효

자연발효실에서 3배 크기

굽기

스팀 주입
260/230℃, 10분

Tip

15시간 저온 숙성을 통해 올리브
와 바질의 풍미를 도와주며 높은
수율은 매우 촉촉한 식감을 만들
어준다.

01

올리브오일, 충전물을 제외한 전 재료를 넣고 믹싱 80% 완료 후 올리브오일과, 충전물을 넣은 후 믹싱을 완료한다.

02

믹싱이 완료된 후 30분간 실온에서 발효한다.

03

30분 후 접기는 상, 하, 좌, 우로 4번 접는다.

04

접기가 끝난 반죽은 5℃ 냉장고에서 15시간 저온 숙성한다.

05

15시간 저온 숙성이 완료된 반죽은 힘이 좋고 탄력성이 매우 뛰어나다.

06

저온 숙성이 완료된 반죽은 이스트가 매우 소량 들어가므로 기포가 빠지지 않도록 조심스럽게 반죽을 펼친 후 재단을 준비한다.

07

반죽을 많이 만지지 않은 상태에서 재단 후 170g씩 분할한다.

08

분할한 반죽은 둥글리지 않고 손 끝부분을 이용해 조심스럽게 굴려준다.

09

둥글리기가 끝난 반죽은 실온에서 40분간 벤치 타임을 갖는다.

10

벤치타임이 끝난 반죽은 가볍게 두드려 가스를 뺀 후 블랙올리브를 20g씩 올린다.

11

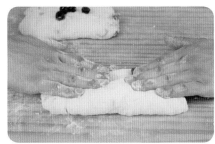

반죽의 윗면을 잡고 반을 접어준다.

12

나머지 반대편을 잡고 끝까지 접어준 후 장방형으로 성형한다.

13

성형이 끝난 후 실리콘 페이퍼 위에 반죽을 올린 후 자연발효실에서 3배 크기까지 2차 발효한다. 2차 발효 완료 후 상 260℃, 하 230℃의 유로오븐에서 스팀을 준 뒤 10분간 굽는다.

MEMO

Part 5

캉파뉴 만들기

레드와인 크랜베리 캉파뉴

캉파뉴 반죽에 레드와인을 넣고 크랜베리, 호두를 첨가하여 달콤하게 즐길 수
있는 빵이다. 레드와인이 들어가 풍미 또한 식전 빵으로서 손색이 없다.

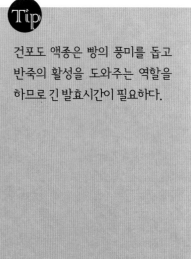

재료

*반죽

본반죽	(g)
강력분	1200
통밀가루	100
소금	25
스펀지	300
물	400
건포도 액종	200
레드와인	350
올리브오일	40
르방 리퀴드	200

*충전물	(g)
호두	250
크랜베리	250
총중량	3315

주요 공정

본반죽
믹싱 올리브오일을 제외한 전 재료를 넣고, 저
속 3분 〉 중속 8분 〉 올리브오일, 충전물 혼합
〉 믹싱 완료(완료온도 22~23℃)

1차 발효
실온 120분 〉 접기 〉 5℃ 냉장고 15시간 〉 1차
발효 완료

분할/벤치타임
300g/50분

성형
장방형으로 성형

2차 발효
자연발효실에서 2배 크기

굽기
쿠프, 스팀 주입
260/230℃, 25분

01

올리브오일을 제외한 전 재료를 넣고 80% 믹싱 후 올리브오일, 충전물을 넣고 믹싱을 완료한다.

02

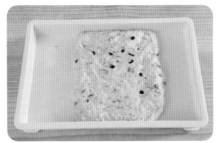

믹싱이 완료된 반죽은 실온 120분간 발효한다.

03

120분간 실온에서 발효한 반죽을 아래에서 위로 접어준다.

04

아래에서 위로 반죽을 접어준다.

05

반죽을 뒤집어 좌, 우로 한번씩 접어준 뒤 5℃ 냉장고에서 저온 숙성한다.

06

저온 숙성한 반죽은 기포가 빠지지 않도록 조심스럽게 반죽을 펼친 후 커팅을 준비한다.

07

반죽을 많이 만지지 않은 상태에서 커팅 후 300g씩 분할한다.

08

반죽을 조심스럽게 길쭉하게 말아준다.

09

분할한 반죽에 50분간 벤치타임을 갖는다.

10

50분간 벤치타임이 끝난 반죽은 성형이 편하도록 휴지가 된 상태이다.

11

가볍게 두드려 가스를 빼준다.

12

반죽을 위에서 아래로 접어준다.

13

반죽의 양끝을 잡고 접어준다.

14

손끝을 이용해서 가볍게 눌러 이음매를 만들어준다.

15

이음매가 위로 오게 리넨 천 위에 올리고, 자연발효실에서 2배 크기까지 2차 발효한다. 상 260℃, 하 230℃의 유로오븐에서 사선으로 쿠프, 스팀을 준 뒤 25분간 굽는다.

MEMO

시골빵

호밀이 10% 들어간 투박한 빵이지만 호두, 크랜베리, 건포도를 넣어 부드럽고 달콤해서 누구나 맛있게 먹을 수 있다. 간단한 샌드위치로 만들어도 좋다.

Tip

수율이 높은 반죽이므로 물을 조금씩 나누어 넣어야 탄력적인 반죽을 얻을 수 있다. 수율이 높은 만큼 저온 숙성이 끝난 반죽은 매우 찰지고 부드럽다. 충전물인 크랜베리와 건포도는 반죽의 수율 이동을 막기 위해 충분히 전처리한 것을 사용한다.

재료	
*반죽	
폴리쉬 반죽	(g)
강력분	500
물	500
생이스트	3
몰트	10
본반죽	(g)
강력분	950
호밀가루	50
설탕	30
생이스트	3
르방 리퀴드	300
스펀지	300
물	820
소금	30
올리브유	30
*충전물	(g)
호두	300
건포도	300
크랜베리	300
총중량	4408

주요 공정
폴리쉬 반죽
강력분, 물, 몰트, 이스트 혼합 (반죽온도 22~23℃) p.21 참조
본반죽
믹싱 발효를 마친 폴리쉬 전량과 본반죽의 올리브오일과 충전물, 소금을 제외한 전 재료를 넣고, 저속 2분 〉 중속 8분 〉 소금 투입(후염법), 올리브오일 〉 충전물 혼합 〉 믹싱 완료(반죽완료 22~23℃)
1차 발효
5℃ 냉장고에서 15시간 장시간 저온 숙성
분할/벤치타임
300g/50분
성형
20cm 장방형(직사각형)으로 성형
2차 발효
자연발효실에서 2배 크기
굽기
쿠프, 스팀 주입 260/230℃, 25분

01

잘 발효된 폴리쉬, 본반죽의 올리브오일, 충전물, 소금을 제외한 전 재료를 넣고 80%까지 믹싱 후 나머지 재료를 넣고 믹싱한다.

02

실온에서 30분간 발효한다.

03

30분간 발효를 마친 반죽을 상, 하 접기한다.

04

3의 반죽을 좌, 우 접기한다.

05

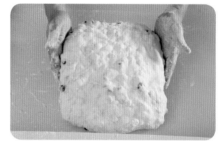

접기를 마친 반죽은 5℃ 냉장고에서 15시간 저온 숙성한다.

06

15시간 저온 숙성을 마친 반죽을 300g씩 분할한다.

07

분할한 반죽을 실온에서 50분간 벤치타임을 갖는다.

08

벤치타임이 끝난 반죽을 가볍게 두드려 가스를 빼준다.

09

반죽을 위에서 아래로 접어준다.

10

반죽의 양끝을 잡고 한 번 더 접는다.

11

손끝을 이용해 반죽의 이음매를 만든다.

12

리넨 천 위에 반죽의 이음매가 위로 오도록 하고 자연발효실에서 2배 크기까지 2차 발효한다. 상 260℃, 하 230℃의 유로오븐에서 일직선으로 쿠프, 스팀을 준 뒤 25분간 굽는다.

MEMO

초코 캉파뉴

초코 캉파뉴는 르방을 넣어 매우 촉촉하고 풍미가 뛰어나며 초콜릿과 오렌지 필이 들어가 달콤하고 상큼한 빵이다.

재료

*반죽

본반죽	(g)
강력분	900
코코아파우더	100
설탕	150
소금	20
생이스트	30
몰트	10
물	700
르방 리퀴드	300
스펀지	200

*충전물	(g)
초코칩	100
오렌지필	150
총중량	2660

주요 공정

본반죽

믹싱 저속 3분 〉 중속 6분 〉 충전물 혼합 〉 믹싱 완료(완료온도 23~24℃)

1차 발효

실온 20분 〉 접기 〉 실온 20분 〉 1차 발효 완료

분할/벤치타임

300g/15분

성형

다크 초코칩 20g씩 넣어 장방형으로 성형

2차 발효

자연발효실에서 2배 크기

굽기

쿠프, 스팀 주입
260/230℃, 25분

Tip

반죽에 다크 초콜릿이 들어가기 때문에 오븐에서 타는 것을 방지하기 위해 실리콘 페이퍼 위에서 굽는다. 또한 쿠프를 넣을 때 너무 깊이 넣으면 다크 초코칩이 밖으로 나와 탈 수 있다.

01

전 재료를 넣고 90%까지 믹싱을 한다.

02

믹싱된 반죽에 충전물을 혼합한 후 믹싱을 완료한다.

03

믹싱된 반죽을 실온에서 20분 후 접기를 한다.

04

실온에서 20분 더 발효 후 1차 발효를 완료한다.

05

1차 발효가 끝난 반죽은 가볍게 넓게 펼친 후 커팅을 준비한다.

06

반죽을 300g씩 분할한다.

07

손끝을 이용해 반죽을 가볍게 둥글려준다.

08

둥글리기한 반죽은 15분간 벤치타임을 갖는다.

09

벤치타임이 끝난 반죽을 가볍게 두드려 가스를 뺀 후 다트 초코칩을 20g씩 넣고 위에서 아래로 접어준다.

10

양끝을 잡고 한 번 더 접는다.

11

손끝을 이용해 눌러가며 이음매를 만들어준다.

12

반죽을 리넨 천 위에 이음매가 위로 오도록 놓는다.

13

성형이 끝난 반죽은 자연발효실에서 2배 크기까지 2차 발효한다. 2차 발효 완료 후 상 260℃, 하 230℃의 유로오븐에서 쿠프, 스팀 주입한 뒤 25분간 굽는다.

MEMO

통밀 캉파뉴

통밀은 식이섬유질이 풍부해서 다이어트에도 좋고 변비에도 탁월하다. 그대로 먹어도 구수하고 맛있지만 크림치즈나 구운 햄에 곁들여 먹으면 든든한 식사가 된다.

재료	
*반죽	
오토리제	(g)
강력분	1000
통밀가루	500
물	1300
몰트	15
본반죽	(g)
생이스트	6
르방 리퀴드	400
물	150
소금	35
올리브유	30
스펀지	500
총중량	1121

주요 공정

오토리제 반죽
강력분, 통밀가루, 물, 몰트 혼합 후 30분간 오토리제(반죽온도 23℃)

본반죽
믹싱 오토리제한 반죽 전량과 소금과 올리브오일을 제외한 전 재료를 넣고, 저속 3분 〉 중속 5분 〉 소금, 올리브오일을 넣고 믹싱 완료 (완료온도 23℃)

1차 발효
5℃ 냉장고에서 15시간 장시간 저온 숙성

분할/벤치타임
600g/50분

성형
장방형으로 성형

2차 발효
자연발효실에서 2배 크기

굽기
쿠프, 스팀 주입
260/230℃, 30분

Tip

분할 후 가볍게 두드려 가스 빼기를 할 때, 가볍게 접어두는 정도로만 해서 반죽 안에 가스가 살아 있도록 한다. 스펀지 반죽은 5℃ 냉장고에서 15시간 정도 발효하면 된다.

01

강력분, 통밀가루, 물, 몰트를 넣고 30분간 오토리제한 뒤 소금과 올리브오일을 제외한 전 재료와 함께 80% 믹싱 후 나머지 재료를 넣고 믹싱을 마친다.

02

믹싱이 끝난 반죽은 실온에서 30분간 발효한다.

03

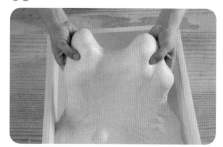

30분간 발효를 마친 반죽을 상, 하, 좌, 우 접기를 한다.

04

접기를 마친 반죽을 5℃ 냉장고에서 15시간 저온 숙성시킨다.

05

저온 숙성을 마친 반죽은 힘 있고 탄력적인 모습으로 변한다.

06

저온 숙성한 반죽은 기포가 빠지지 않도록 조심스럽게 반죽을 펼친 후 커팅을 준비한다.

07

넓게 펼친 반죽을 600g씩 분할한다.

08

반죽을 장방형으로 가볍게 말아준다.

09

가볍게 말아준 반죽을 50분간 실온에서 벤치타임을 갖는다.

10

벤치타임이 끝난 반죽은 가볍게 두드려 가스를 빼준다.

11

반죽을 위에서 아래로 기포가 빠지지 않도록 가볍게 접어준다.

12

반죽의 양끝을 잡고 한 번 더 접어준다.

13

손끝을 이용해 이음매를 만들어준다.

14

리넨 천 위에 반죽의 이음매가 위로 오도록 하고 자연발효실에서 2배 크기까지 2차 발효한다. 상 260℃, 하 230℃의 유로오븐에서 일직선으로 쿠프, 스팀을 준 뒤 30분간 굽는다.

MEMO

무화과 캉파뉴

식이섬유소가 풍부한 호밀이 40% 이상 들어가므로 반죽하기가 까다롭지만 더욱 건강하게 먹을 수 있는 캉파뉴이다. 달콤한 무화과 충전물과 잘 어울린다.

재료	
*1차 반죽	
사전반죽	(g)
호밀가루	500
물	550
몰트	10
본반죽	(g)
강력분	600
르방 리퀴드	300
물	250
소금	20
스펀지	400
생이스트	15
*충전물	(g)
무화과	200
건포도	200
호두	200
총중량	3249

주요 공정

사전반죽
호밀, 물, 몰트 혼합 후 30분간 미리 섞어둔다.

본반죽
믹싱 사전반죽 전량과 충전물을 제외한 나머지를 넣고, 저속 3분 〉 중속 5분 〉 충전물 혼합 〉 믹싱 완료(완료온도 22~23℃)

1차 발효
실온 20분 〉 1차 접기 〉 실온 20분 〉 2차 접기 〉 발효 완료

분할/벤치타임
250g/20분

성형
무화과 50g 포앙 후 장방형으로 성형 끝부분을 뾰족하게 만든다.

2차 발효
자연발효실에서 2배 크기

굽기
쿠프, 스팀 주입
260/230℃, 20분

호밀이 들어가는 반죽이기 때문에 탄력성이 부족하다. 20분 간격으로 두 번 접기를 한다. 무화과 전처리는 설탕과 물을 넣고 끓여서 전처리를 하지 말고, 하루 전날 케이크시럽을 충분히 넣고 섞어 사용한다. 럼이나 리큐르를 넣으면 무화과 본연의 향과 맛이 약해지므로 사용하지 않는다.

호밀, 물, 몰트 혼합 후 30분간 미리 섞어둔다.

사전반죽 전량과 충전물을 제외한 나머지 재료를 넣고, 믹싱 완료 후 충전물을 섞어준다.

믹싱 완료된 반죽은 실온에서 20분간 발효한다.

20분간 발효를 마친 반죽은 상, 하, 좌, 우 접기를 한 후 20분 뒤 한 번 더 접기를 한다.

반죽은 기포가 빠지지 않게 조심스럽게 펼친 후 커팅을 준비한다.

넓게 펼친 반죽을 250g씩 분할한다.

분할된 반죽은 손끝을 이용해 가볍게 모아준다.

가볍게 모아준 반죽은 20분간 벤치타임을 갖는다.

벤치타임이 끝난 반죽을 가볍게 두드려 가스를 뺀 후 전처리한 무화과를 50g씩 올린다.

10

반죽의 윗부분을 잡고 반을 접어준다.

11

반죽의 양끝을 잡고 한 번 더 접어준다.

12

손끝을 이용해 이음매를 만들어준다.

13

리넨 천 위에 반죽의 이음매가 위로 오도록 하고 자연발효실에서 2배 크기까지 2차 발효한다. 상 260℃, 하 230℃의 유로오븐에서 수직으로 1cm 깊이의 쿠프를 넣고 스팀을 준 뒤 20분간 굽는다.

MEMO

시리얼 캉파뉴

크랜베리, 견과류와 건강한 곡물믹스의 씹히는 맛이 잘 어울린다. 크게 굽는 빵이므로 속이 매우 촉촉하고 부드러우며 겉면은 매우 바삭하다. 한 끼 식사로 손색이 없다.

재료	
*반죽	
본반죽	(g)
강력분	1156
박력분	120
자렌브레드믹스	300
(풍림무약사)	
d.y	6
몰트	20
스펀지	450
르방 리퀴드	500
물	1000
소금	25
올리브유	50
*충전물	(g)
건포도	200
호두	200
크랜베리	150
굵은 오렌지필	200
총중량	4377
*토핑	(g)
오트밀(표면)	1봉지

주요 공정

본반죽
믹싱 올리브오일, 소금을 제외한 전 재료를 넣고, 저속 2분 〉 중속 10분 〉 소금, 올리브오일, 충전물 혼합 〉 믹싱 완료(완료온도 22~23℃)

1차 발효
실온 30분 발효 후 접기 〉 5℃ 냉장고에서 15시간 장시간 저온 숙성

분할/벤치타임
1200g/50분

성형
장방형으로 성형
윗면에 오트밀을 묻힌다.

2차 발효
자연발효실에서 2배 크기

굽기
스팀 주입
260/230℃, 40분

Tip

자렌브레드믹스가 없을 경우 곡물믹스를 사용하도록 한다. 유산균종이 충분히 들어가고 오트밀과 곡물믹스가 섞여 빵의 풍미와 소화를 돕는 역할을 한다. 믹싱에 후염법을 쓰는 이유는 글루텐을 강하게 만들어 반죽의 힘과 탄력을 좋게 하기 위해서이다. 믹싱을 많이 하게 되어 생기는 오븐 스프링보다 접기를 통한 힘을 만들어 빵의 믹싱 시 산화를 막을 수 있다.

01

올리브오일, 소금을 제외한 전 재료를 넣고 믹싱을 80%까지 완료한다.

02

80%까지 믹싱을 완료한 반죽에 소금, 올리브오일, 충전물을 넣고 믹싱을 마친다.

03

믹싱이 완료된 반죽을 실온에서 30분간 발효한다.

04

실온에서 30분간 발효한 반죽을 상, 하, 좌, 우 접기 후 5℃ 냉장고에서 15시간 저온 숙성시킨다.

05

저온 숙성을 마친 반죽은 힘 있고 탄력적인 모습으로 변한다.

06

반죽의 기포가 빠지지 않게 조심스럽게 펼친 후 커팅을 준비한다.

07

넓게 펼친 반죽을 1200g씩 분할한다.

08

반죽을 장방형으로 가볍게 말아준다.

09

가볍게 말아준 반죽을 50분간 실온에서 벤치타임을 갖는다.

10

벤치타임이 끝난 반죽을 가볍게 두드려 넓게 펴 준다.

11

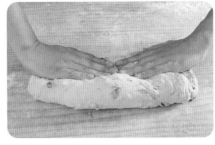

반죽을 위에서 아래로 기포가 빠지지 않도록 가 볍게 접어준다.

12

반죽의 양끝을 잡고 한 번 더 접어준다.

13

손끝을 이용해 이음매를 만들어준다.

14

반죽 윗면에 붓으로 물을 바른 후 오트밀을 묻 혀준다.

15

실리콘 페이퍼 위에 반죽의 이음매가 아래로 오 도록 하고 자연발효실에서 2배 크기까지 2차 발효한다. 상 260℃, 하 230℃의 유로오븐에서 스팀을 준 뒤 40분간 굽는다.

MEMO

루스틱 후류이

15시간 이상 저온 장시간 숙성시킨 반죽은 과일 충전물과 조화를 이루어 달콤 상큼한 풍미가 가득하다.

재료	
*반죽	
본반죽	(g)
강력분	900
통밀가루	100
소금	20
몰트	10
르방 리퀴드	200
생이스트	4
물	800
스펀지	200
*충전물	(g)
통아몬드	150
건포도	150
오렌지필	150
크랜베리	150
총중량	3134

주요 공정

본반죽
믹싱 소금, 충전물을 제외한 전 재료를 넣고, 저속 2분 〉 중속 8분 〉 소금, 충전물 혼합 〉 믹싱 완료(완료온도 22~23℃)

1차 발효
실온에서 30분 발효 후 접기, 5℃ 냉장고에서 15시간 장시간 저온 숙성

분할/벤치타임
반죽을 넓게 펼친 후 20분간 휴지한 뒤 2× 20cm 분할

성형
트위스트 모양으로 성형한다.

2차 발효
자연발효실에서 2배 크기

굽기
스팀 주입
270/240℃, 15분

Tip

저온 숙성된 반죽은 시간보다는 크기나 상태를 보는 것이 바람직하다. 작업장 환경이나 계절에 따라 5℃ 냉장고에 빨리 넣거나 늦추어 넣는 것을 판단해야 한다. 저온 숙성 후 꺼낸 반죽은 차갑기 때문에 벤치타임을 길게 해 반죽의 효모활성을 좋게 해주어야 한다. 통아몬드는 1/3조각으로 자른 후 로스팅해서 사용해야 한다.

01

소금, 충전물을 제외한 전 재료를 넣고 80%까지 믹싱 완료한 후 소금 충전물을 넣고 반죽을 마친다.

02

믹싱이 완료된 반죽을 실온에서 30분간 발효한다.

03

실온에서 30분간 발효한 반죽을 상, 하, 좌, 우 접기한 뒤 5℃ 냉장고에서 15시간 저온 숙성한다.

04

저온 숙성을 마친 반죽은 힘 있고 탄력적인 모습으로 변한다.

05

반죽을 리넨 천 위에 올려 넓게 펴준 뒤 20분간 휴지한다.

06

넓게 펼쳐진 반죽을 2×20cm로 분할한다.

07

분할한 반죽을 트위스트 모양으로 성형한다.

08

리넨 천 위에 반죽을 놓고 자연발효실에서 2배 크기까지 2차 발효한다. 반죽을 실리콘 페이퍼로 옮긴 후 상 270℃, 하 240℃의 유로오븐에서 스팀을 준 뒤 18분간 굽는다.

MEMO

Part 6

스위트 브레드 만들기

탕종 우유식빵

우유의 고소함과 담백한 맛이 느껴지는 식빵에 탕종을 넣어 쫀득한 식감이 있어서 더 맛있게 먹을 수 있다. 일반 식빵에 비해 노화도 느리며 토스터에 구웠을 때 더 바삭하다.

Tip

탕종이 많이 들어가는 반죽이므로 반죽의 탄력성이 떨어질 수 있다. 접기를 통해 반죽의 힘을 충분히 만들어 반죽의 탄력성과 오븐 스프링을 키워주워야 한다. 빵의 풍미를 향상시킨 담백하고 쫄깃한 식빵이다.

재료	
*반죽	
본반죽	(g)
강력분	1000
설탕	100
소금	20
생이스트	35
분유	20
물	400
우유	250
버터	80
르방 리퀴드	300
탕종	300
총중량	2505

주요 공정

본반죽
믹싱 버터를 제외한 전 재료를 넣고, 저속 2분 〉 버터를 넣고 중속 6분 〉 믹싱 완료(완료온도 27℃)

1차 발효
실온 20분 〉 접기 〉 실온 20분 〉 1차 발효 완료

분할/벤치타임
260g×2/10분

성형
산형 식빵 모양으로 성형

2차 발효
35℃, 80% 발효실에서 틀 높이까지 발효 완료

굽기
데크오븐 180/180℃, 35분

탕종 만들기
만드는 법 참조

화이트 탕종	(g)
강력분	600
설탕	60
소금	20
물(100℃)	1200

모든 재료를 넣은 뒤 계량된 100℃의 물을 넣어 호화를 완료한다.

01

버터를 제외한 전 재료를 넣고 50%까지 믹싱 후, 버터를 넣고 믹싱을 완료한다.

02

믹싱된 반죽을 실온에서 20분간 발효한다.

03

20분 뒤 상, 하, 좌, 우 접기를 한다.

04

접기가 끝난 반죽을 20분 더 발효한 후 1차 발효를 완료한다.

05

발효를 마친 반죽은 넓게 펼친 후 분할준비를 한다.

06

반죽을 260g씩 분할한다.

07

분할한 반죽은 둥글리기한다.

08

둥글리기가 끝난 반죽은 10분간 벤치타임을 갖는다.

09

벤치타임이 끝난 반죽을 밀대를 이용하여 밀어편다.

10

밀어편 반죽을 위, 아래로 접는다.

11

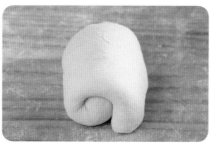

접은 반죽의 방향을 바꿔 위아래로 길게 놓고 말아준다. 같은 반죽을 두 개 만들어 틀에 넣고 35℃, 80% 습도 발효실에서 틀 높이까지 2차 발효를 한다. 발효가 끝나면 상 180℃, 하 180℃ 의 데크오븐에서 35분간 굽는다.

MEMO

블루베리 식빵

건조 블루베리와 블루베리 필링을 넣고 반죽을 더해 깊은 풍미를 느낄 수 있는 식빵이다. 성형 시 블루베리잼을 바른 후 굽기 때문에 별도의 잼이 필요 없는 빵이다.

재료	
*반죽	
본반죽	(g)
강력분	1000
설탕	120
소금	20
생이스트	35
분유	20
물	350
우유	200
버터	100
르방 리퀴드	200
*충전물	(g)
건조 블루베리	200
블루베리 필링	200
총중량	2445

주요 공정

본반죽
믹싱 버터와 충전물을 제외한 전 재료를 넣고, 저속 3분 〉 버터를 넣고 중속 8분 〉 충전물을 넣고 믹싱 완료(완료온도 26~27℃)

1차 발효
실온 20분 〉 접기 〉 실온 20분 〉 1차 발효 완료

분할/벤치타임
250g/10분

성형
블루베리 필링 60g을 바른 후 원루프 모양으로 성형

2차 발효
35℃, 80% 발효실에서 틀 높이까지 발효 완료

굽기
컨벡션 오븐 165℃, 18분

Tip

건조 블루베리를 빵에 사용할 때는 동량의 물을 넣어 충분히 불린 다음, 체에 걸러 사용해야 수분의 이동을 막을 수 있다. 냉동 블루베리는 믹싱 시 잘 깨지고 차가워서 반죽온도가 저해되므로 건조 블루베리를 불려서 사용하거나 블루베리 필링을 사용하는 것이 좋다.

01

버터와 건조 블루베리를 제외한 전 재료를 넣고 믹싱 50% 후 버터를 넣고 90%까지 믹싱한 뒤, 건조 블루베리를 넣고 완료한다.

02

믹싱된 반죽을 실온에서 20분간 발효한다.

03

20분 뒤 상, 하, 좌, 우 접기를 한다.

04

접기가 끝난 반죽을 20분 더 발효한 후 1차 발효를 완료한다.

05

1차 발효가 완료된 반죽은 250g씩 분할 후, 10분간 벤치타임을 갖는다.

06

벤치타임이 끝난 반죽을 밀대로 밀어펴, 블루베리 필링을 60g씩 바른다.

07

필링을 바른 반죽을 원루프 모양으로 돌돌 말아 성형한다.

08

블루베리 필링이 밖으로 새어나오지 않도록 이음매부분을 꼼꼼하게 붙여준다.

09

미니식빵 틀에 이음매부분이 아래로 가도록 패닝 후 가볍게 눌러준다.

10

35℃, 80% 습도 발효실에서 틀 높이까지 2차 발효에 들어간다. 2차 발효가 끝나면 컨벡션 오븐에 넣어 165℃에서 18분간 굽는다.

초코식빵

달콤한 초콜릿 식빵 반죽에 초코칩을 넣은 빵이다. 초콜릿의 달콤함과 부드러운 식감이 잘 어울리며 성형 시 초코가나슈를 펴바르고 굽기 때문에 초코향이 가득한 식빵이다.

재료

*반죽

본반죽	(g)
강력분	1000
설탕	150
소금	20
생이스트	40
버터	100
계란	1개
우유	150
물	600
코코아	100
르방 리퀴드	200
초코칩	100

*가나슈 (g)

다크 초콜릿	210
생크림	210
총중량	3040

주요 공정

본반죽
믹싱 버터와 초코칩을 제외한 본반죽의 전 재료를 넣고, 저속 2분 〉 버터를 넣고 중속 8분 〉 초코칩을 넣고 믹싱 완료(완료온도 26~27℃)

1차 발효
실온 20분 〉 접기 〉 실온 20분 〉 1차 발효 완료

분할/벤치타임
300g/10분

성형
가나슈 30g을 바른 후 원루프 모양으로 성형

2차 발효
35℃, 80% 발효실에서 틀 높이까지 발효 완료

굽기
컨벡션 오븐 165℃, 20분

Tip

반죽 속에 사용하는 가나슈 양을 늘리게 되면 반죽이 터질 확률이 높으므로 주의하여 적당량을 사용하는 것이 좋다. 반죽 속에 사용하는 초코칩은 내열성이 강한 것을 사용하는 게 좋다.

01

버터와 초코칩을 제외한 전 재료를 넣고 50% 믹싱한 후, 버터를 넣고 90%에서 초코칩을 넣어준 뒤 믹싱을 마무리한다.

02

믹싱된 반죽을 실온에서 20분간 발효한다.

03

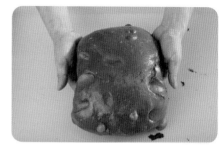

20분 뒤 상, 하, 좌, 우 접기를 한다.

04

접기가 끝난 반죽을 20분간 더 발효한 뒤 1차 발효를 완료한다.

05

1차 발효가 완료된 반죽을 넓게 펼쳐 커팅을 준비한다.

06

반죽을 300g씩 분할한다.

07

분할한 반죽을 둥글리기한다.

08

둥글리기가 끝난 반죽은 10분간 벤치타임을 갖는다.

09

벤치타임이 끝난 반죽을 밀대로 밀어편다.

10

밀대로 밀어편 반죽 위에 가나슈를 30g씩 바른다.

11

가나슈를 바른 반죽을 원루프 모양으로 돌돌 말아 성형한다.

12

가나슈가 밖으로 새어나오지 않도록 이음매부분을 꼼꼼하게 붙여준다.

13

35℃, 80% 습도 발효실에서 틀 높이까지 2차 발효에 들어간다. 2차 발효가 끝나면 컨벡션 오븐에 넣어 165℃에서 20분간 굽는다.

MEMO

크랜베리 모찌식빵

태국 찰전분인 타피오카 가루를 사용하는 식빵 반죽으로, 탕종 식빵과는 다르게 매우 쫄깃한 식빵이다. 크랜베리가 들어가 상큼하고 달콤함이 잘 어울리는 식빵이다.

재료	
*반죽	
본반죽	(g)
강력분	1000
설탕	110
소금	20
생이스트	35
분유	20
물	400
우유	250
버터	100
르방 리퀴드	200
탕종	100
소프트T	100
*충전물	(g)
크랜베리	150
총중량	2485

주요 공정

본반죽
믹싱 크랜베리, 버터를 제외한 전 재료를 넣고, 저속 2분 〉 버터를 넣고 중속 8분 〉 크랜베리를 넣고 믹싱 완료(완료온도 26~27℃)

1차 발효
실온 20분 〉 접기 〉 실온 20분 〉 1차 발효 완료

분할/벤치타임
500g/10분

성형
산형으로 성형

2차 발효
35℃, 80% 발효실에서 틀 높이까지 발효 완료

굽기
컨벡션 오븐 165℃, 25분

Tip

크랜베리 모찌식빵의 오븐 스프링을 좋게 하기 위해서는 접기와 1차 발효를 충분히 하고 믹싱이 오버되거나 부족할 경우 글루텐의 생성이 적어 볼륨이 작거나 찌그러짐 현상이 일어날 수 있다.

01

버터와 크랜베리를 제외한 전 재료를 넣고 믹싱을 50%까지 한 뒤 버터를 넣고 90% 믹싱 후 크랜베리를 넣고 마무리한다.

02

믹싱된 반죽을 실온에서 20분간 발효한다.

03

20분 뒤 상, 하, 좌, 우 접기를 한다.

04

접기가 끝난 반죽을 20분간 더 발효한 후 1차 발효를 완료한다.

05

발효를 마친 반죽은 넓게 펼친 후 분할준비를 한다.

06

500g씩 분할 후 둥글리기를 한다.

07

둥글리기가 끝난 반죽은 벤치타임을 10분간 갖는다.

08

벤치타임이 끝난 반죽은 밀대를 이용하여 밀어편다.

09

밀어편 반죽을 위, 아래로 접는다.

10

접은 반죽은 방향을 바꿔 위아래로 길게 놓고
말아준다.

11

35℃, 80% 습도 발효실에서 틀 높이까지 2차
발효에 들어간다. 2차 발효가 끝나면 컨벡션 오
븐에 넣어 165℃에서 25분간 굽는다.

MEMO

쌀식빵

쌀가루가 75% 이상 들어가는 쌀식빵으로 무겁지만 쌀 특유의 풍미가 일품인 식빵이다. 밀가루를 싫어하는 사람에게 추천할 만한 빵이다.

재료	
*반죽	
본반죽	(g)
강력 쌀가루	1000
설탕	53
분유	50
생이스트	40
스펀지	200
계란	1개
르방 리퀴드	200
물	680
소금	20
버터	70
총중량	2373

주요 공정

본반죽
믹싱 버터를 제외한 전 재료를 넣고, 저속 2분 〉 버터를 넣고 중속 8분 〉 믹싱 완료(완료온도 26~27℃)

1차 발효
휴지 10분

분할/벤치타임
150g/10분

성형
산형으로 성형

2차 발효
35℃, 80% 발효실에서 틀 높이까지 발효 완료

굽기
컨벡션 오븐 165℃, 25분

Tip

쌀가루는 밀가루와 수분 함량 및 단백질 함량이 다르므로 믹싱을 과하게 할 경우, 반죽의 퍼짐현상이 일어날 수 있다. 식빵의 부드러운 맛을 강조하고 싶다면 1차 발효를 30분간 갖는다. 또는 반죽의 부드러움보단 쫄깃함을 강조하고 싶다면 1차 발효를 생략해도 무관하다.

01

버터를 제외한 전 재료를 넣고 50%까지 믹싱
완료 후 버터를 넣고 믹싱을 완료한다.

02

믹싱된 반죽을 실온에서 10분간 휴지한다.

03

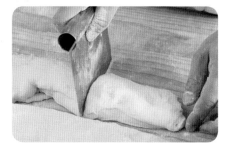

휴지를 마친 반죽은 넓게 펼친 후 분할준비를
한다.

04

반죽을 150g씩 분할한다.

05

분할한 반죽은 둥글리기한다.

06

둥글리기가 끝난 반죽은 벤치타임을 10분간 갖
는다.

07

벤치타임이 끝난 반죽은 밀대를 이용하여 밀어
편다.

08

밀어편 반죽을 위, 아래로 접은 뒤 말아준다.

09

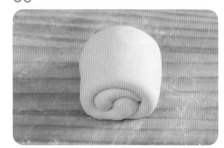

같은 반죽을 두 개 만들어 틀에 넣고 35℃,
80% 습도 발효실에서 틀 높이까지 2차 발효에
들어간다. 2차 발효가 끝나면 컨벡션 오븐 165℃
에서 25분간 굽는다.

MEMO

초코 베이글

초코 베이글 반죽에 초코칩을 넣고 성형 시 초콜릿이 한 번 더 들어가므로 다른 것을 첨가하지 않아도 충분히 맛있게 먹을 수 있는 베이글이다.

재료	
*반죽	
본반죽	(g)
강력분	800
박력분	200
소금	20
설탕	50
코코아	100
생이스트	30
탕종	50
물	850
버터	40
르방 리퀴드	200
몰트	10
*충전물	(g)
초코칩	100
크랜베리	100
총중량	2550

주요 공정

본반죽
믹싱 충전물과 버터를 제외한 전 재료를 넣고, 저속 2분 〉 버터를 넣고 중속 8분 〉 충전물 혼합 〉 믹싱 완료(완료온도 26~27℃)

1차 발효
실온 20분 〉 접기 〉 실온 20분 〉 1차 발효 완료

분할/벤치타임
120g/10분

성형
초코칩 20g을 넣은 뒤 베이글 모양으로 성형

2차 발효
35℃, 80% 발효실에서 2배 크기

굽기
스팀 주입
240/200℃, 10분

Tip

반죽을 90℃ 물에 앞, 뒤로 데치지 않아도 설탕과 탕종이 들어가므로 충분히 부드럽고 쫄깃한 식감을 내준다. 성형할 때는 이음새를 단단히 해주어야 충전물이 새어나오는 것을 방지할 수 있다.

01

충전물과 버터를 제외한 전 재료를 넣고 믹싱 50%까지 완료 후, 버터를 넣어준다. 90% 믹싱 후 초코칩을 넣고 믹싱을 마무리한다.

02

믹싱이 완료된 반죽은 실온에서 20분간 발효한다.

03

20분간 발효한 반죽을 상, 하, 좌, 우 접기를 하고 20분간 발효를 더 한다.

04

1차 발효를 완료한 반죽은 넓게 펼쳐 분할을 준비한다.

05

넓게 펼친 반죽을 120g씩 분할한다.

06

분할한 반죽을 스틱 모양으로 가볍게 말아준다.

07

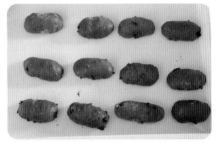

스틱 모양으로 말아준 반죽은 10분간 벤치타임을 갖는다.

08

벤치타임이 끝난 반죽을 가볍게 두드려 가스를 뺀 후 초코칩을 20g씩 올린다.

09

초코칩이 새어나오지 않도록 꼼꼼히 눌러 말아준다.

10

반죽의 끝부분을 손바닥 끝으로 눌러 이음매를 만들어준다.

11

반죽을 양손으로 길게 늘려 링 모양으로 만든 후 끝부분을 붙여준다.

12

철판에 패닝 후 35℃, 80% 습도에서 2배 크기까지 2차 발효에 들어간다. 발효가 끝나면 상 240℃, 하 200℃의 유로오븐에서 스팀 주입 후 10분간 굽는다.

MEMO

무화과 베이글

단백질 분해효소가 많이 들어 있는 무화과를 충전물로 넣어서 맛도 좋고 소화도 돕는다. 무화과는 약간의 씹는 맛이 있어 무화과를 좋아하는 사람이라면 추천할 만한 베이글이다.

재료	
*반죽	
본반죽	(g)
강력분	900
통밀	100
소금	20
설탕	20
몰트	10
생이스트	30
물	750
스펀지	300
분유	20
버터	30
르방 리퀴드	200
*충전물	(g)
호두	100
크랜베리	100
무화과	430
총중량	3010

주요 공정

본반죽
믹싱 버터와 충전물을 제외한 전 재료를 넣고, 저속 2분 〉 버터를 넣고 중속 8분 〉 충전물 혼합 〉 믹싱 완료(완료온도 26~27℃)

1차 발효
실온 15분 〉 접기 〉 실온 15분 〉 1차 발효 완료

분할/벤치타임
120g/10분

성형
반건조 무화과 20g을 넣은 뒤 베이글 모양으로 성형

2차 발효
35℃, 80% 발효실에서 2배 크기

굽기
스팀 주입
240/200℃, 10분

1차 발효시간은 작업환경과 계절에 따라 다르므로 겨울철에는 발효시간을 길게, 여름철에는 짧게 잡아준다. 건조 무화과를 사용할 경우 수분량을 조금 늘려준다.

01

버터와 충전물을 제외한 전 재료를 넣고 믹싱 50%까지 완료한 후, 버터를 넣고 90%까지 믹싱한 뒤 충전물을 넣고 믹싱을 마무리한다.

02

믹싱된 반죽을 실온에서 15분간 발효한다.

03

15분간 발효한 반죽을 상, 하, 좌, 우 접기를 하고 15분간 더 발효한다.

04

1차 발효를 완료한 반죽은 넓게 펼쳐 분할을 준비한다.

05

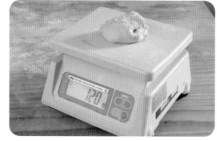

넓게 펼쳐진 반죽을 120g씩 분할한다.

06

분할한 반죽을 스틱 모양으로 가볍게 말아준다.

07

스틱 모양으로 말아준 반죽은 10분간 벤치타임을 갖는다.

08

벤치타임이 끝난 반죽을 가볍게 두드려 가스를 뺀 후 반 건조 무화과를 20g씩 올린다.

09

단단한 무화과가 반죽을 찢고 나올 수 있으므로 가볍게 말아준다.

10

반죽의 끝부분을 눌러 이음매를 만들어준다.

11

반죽을 양손으로 길게 늘려 링 모양으로 만든 후 끝부분을 붙여준다.

12

철판에 패닝 후 발효실 35℃, 80% 습도에서 2배 크기까지 2차 발효한다. 2차 발효가 끝나면 상 240℃, 하 200℃의 유로오븐에서 스팀 주입 후 10분간 굽는다.

MEMO

양파 베이글

크림치즈 충전물에 양파를 넣어 담백하고 고소하게 먹을 수 있는 베이글이다.
아침에 우유 한 잔과 먹으면 더욱 환상적인 맛의 궁합이다.

재료	
*반죽	
본반죽	(g)
강력분	1000
소금	20
생이스트	40
설탕	40
쇼트닝	30
르방 리퀴드	200
물	650
옥수수 크런치	적당량
(토핑용)	
*충전물	(g)
크림치즈	300
설탕	60
생크림	50
다진 양파	30
총중량	2420

주요 공정

본반죽
믹싱 쇼트닝과 옥수수 크런치를 제외한 전 재료를 넣고, 저속 2분 〉 쇼트닝을 넣고 중속 8분 〉 믹싱 완료(완료온도 26~27℃)

1차 발효
실온 20분 〉 접기 〉 실온 20분 〉 1차 발효 완료

분할/벤치타임
120g/10분

성형
베이글 모양으로 성형
밑면에 옥수수 크런치를 묻힌다.

2차 발효
35℃, 80% 발효실에서 2배 크기

굽기
240℃ 스팀 주입 후 165℃로 온도를 낮춘다.
20분

마무리
완전히 식은 베이글을 반으로 가른 후 크림을 80g씩 충전

충전 크림
만드는 법 참조

Tip

반죽을 말아서 길게 늘려 성형해야 하므로 벤치타임을 여유있게 주고 손가락으로 늘려줄 때 반죽이 무리가 되어 끊어지지 않도록 주의해야 한다.
충전용 크림치즈는 손으로 충분히 포마드를 한 상태에서 나머지 재료와 섞어주어야 덩어리지거나 분리되는 현상을 막을 수 있다.

01

쇼트닝과 옥수수 크런치를 제외한 전 재료를 넣고 믹싱 50%까지 완료한 후 쇼트닝을 넣고 90%까지 믹싱을 마무리한다.

02

믹싱된 반죽을 실온에서 20분간 휴지한다.

03

20분간 발효가 완료된 반죽은 상, 하, 좌, 우 접기를 한 뒤 20분간 더 발효한다.

04

1차 발효를 완료한 반죽을 120g씩 분할한다.

05

둥글리기를 마친 반죽은 10분간 벤치타임에 들어간다.

06

벤치타임이 끝난 반죽을 가볍게 두드려 가스를 뺀 후 위에서 아래로 접어준다.

07

반죽의 끝부분을 손끝으로 눌러 이음매를 만들어준다.

08

반죽을 양손으로 길게 늘려 링 모양으로 만든 후 끝부분을 붙여준다.

09

베이글 윗면에 붓으로 물을 가볍게 발라준다.

10

옥수수 크런치를 가볍게 묻혀준다.

11

옥수수 크런치가 묻은 베이글은 철판에 6개씩 패닝한다.

12

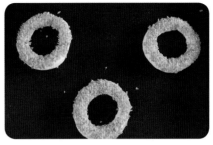

철판에 패닝 후 발효실 35℃, 80% 습도에서 2배 크기까지 2차 발효에 들어간다. 2차 발효가 끝나면 컨벡션 오븐 240℃에서 스팀 주입 후 165℃로 온도를 내린 뒤 20분간 굽는다.

13

다 구워진 베이글은 식혀서 반으로 자른 뒤 베이글 크림을 80g씩 짜준다.

MEMO

베이컨 갈릭

베이컨과 마늘크림의 궁합이 돋보이며, 크림치즈 충전물 또한 달콤해서 누구나 즐겨 찾는 달콤한 빵이다.

재료	
*반죽	
본반죽	(g)
강력분	800
박력분	200
소금	20
생이스트	30
르방 리퀴드	150
파마산 치즈	20
(토핑용)	
설탕	30
물	630
분유	20
탕종	50
버터	30
*충전물	(g)
크림치즈	200
크리미비트	30
슈가파우더	50
총중량	2260

주요 공정

본반죽
믹싱 버터와 파마산 치즈가루를 제외한 전 재료를 넣고, 저속 2분 〉 버터를 넣고 중속 10분 〉 믹싱 완료(완료온도 26~27℃)

1차 발효
실온 20분 〉 접기 〉 실온 20분 〉 1차 발효 완료

분할/벤치타임
100g/10분

성형
충전물을 포앙 후 스틱 모양으로 말아준다. 찹쌀가루, 파마산 치즈가루를 1:1 비율로 섞은 후 윗면에 묻혀준 뒤 사선 칼집을 넣는다.

2차 발효
35℃, 80% 발효실에서 2배 크기

굽기
스팀 주입
240/200℃, 15분

충전물
만드는 법 참조

Tip

찹쌀과 파마산 슈레드 치즈를 윗면에 토핑하여 더욱 맛있는 빵을 만들 수 있다. 크림치즈 필링은 혼합비율을 바꾸면 더 진한 맛을 만들 수 있다.

01

버터를 제외한 전 재료를 넣고 믹싱 50%까지 완료한 후, 버터를 넣고 90%까지 믹싱을 마무리한다.

02

믹싱된 반죽을 실온에서 20분간 휴지한다.

03

20분간 발효한 반죽을 상, 하, 좌, 우 접기를 하고 20분간 발효를 더 한다.

04

1차 발효를 완료한 반죽은 넓게 펼쳐 분할을 준비한다.

05

넓게 펼쳐진 반죽을 100g씩 분할한다.

06

둥글리기를 마친 반죽은 10분간 벤치타임에 들어간다.

07

벤치타임이 끝난 반죽은 밀대를 이용하여 밀어편다.

08

밀어편 반죽에 베이컨을 한 조각씩 올려준다.

09

베이컨을 올린 반죽에 충전물을 50g씩 분할하여 스틱 모양으로 밀어편 후 반죽 위에 올려준다.

10

반죽의 끝부분을 손끝으로 눌러 이음매를 만들어준다.

11

윗면에 붓으로 물을 가볍게 발라준다.

12

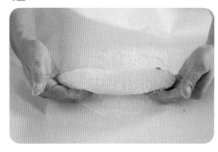

찹쌀가루와 파마산 치즈가루를 1:1로 혼합하여 가볍게 묻혀준다.

13

쿠프를 1cm 깊이의 사선으로 깊게 넣어준다. 철판에 패닝 후 발효실 35℃, 80% 습도에서 2배 크기까지 2차 발효한다. 2차 발효가 끝나면 상 240℃, 하 200℃의 유로오븐에서 스팀 주입 후 15분간 굽는다.

MEMO

녹차 코코넛

녹차가 들어간 반죽에 레몬 크림치즈 충전물을 넣고 코코넛 토핑을 올려 코코넛 토핑이 바삭하게 느껴지는 것이 특징이며 레몬크림치즈와 잘 어울린다.

Tip

충전용 크림은 바로 만들어 사용하면 질어서 포앙하기 힘들기 때문에 꼭 하룻밤 숙성 후에 사용한다.

재료

*반죽

본반죽	(g)
강력분	1000
설탕	130
소금	20
생이스트	35
계란	2개
물	400
녹차가루	10
버터	130
르방 리퀴드	200
녹차밀	100

*충전물

건포도	(g)
건포도	100
호두	50

*충전물

크림치즈	(g)
크림치즈	250
슈가파우더	30
레몬즙	1/2

총중량	2575 +α(레몬즙 무게)

주요 공정

본반죽
믹싱 버터를 제외한 전 재료를 넣고, 저속 2분 〉 버터를 넣고 중속 10분 〉 충전물 혼합 〉 믹싱 완료(완료온도 26~27℃)

1차 발효
실온 20분 〉 접기 〉 실온 20분 〉 1차 발효 완료

분할/벤치타임
80g/10분

성형
충전크림을 50g씩 포앙

2차 발효
35℃, 80% 발효실에서 3배 크기
발효 완료 후 토핑을 짜준다.

굽기
스팀 주입
컨벡션 오븐 165℃, 15분

충전물/토핑
만드는 법 참조

01

버터와 충전물을 제외한 전 재료를 넣고 믹싱 50%까지 완료한 후, 버터와 충전물을 넣고 90%까지 믹싱을 마무리한다.

02

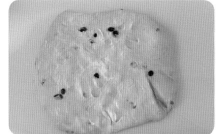

믹싱된 반죽을 실온에서 20분간 발효한다.

03

20분간 발효한 반죽을 상, 하, 좌, 우 접기를 하고 20분간 더 발효한다.

04

1차 발효를 완료한 반죽은 넓게 펼쳐 분할을 준비한다.

05

넓게 펼쳐진 반죽을 80g씩 분할한다.

06

둥글리기를 마친 반죽은 10분간 벤치타임에 들어간다.

07

벤치타임이 끝난 반죽을 가볍게 두드려 가스를 뺀 후 충전용 크림치즈를 50g씩 포앙한다.

08

충전용 크림 포앙 시 굽는 도중 터지는 경우가 발생하므로 이음매를 꼼꼼하게 마무리해 준다.

09

이음매를 완전히 봉한 상태의 사진이다.

10

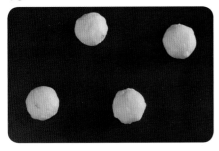

철판에 6개씩 패닝 후 발효실 35℃, 80% 습도
에서 3배 크기까지 2차 발효에 들어간다.

11

2차 발효가 끝나면 컨벡션 오븐 165℃에서 코
코넛 토핑을 윗면에 짜준 후 15분간 굽는다.

참치빵

참치의 텁텁함과 비린내가 나지 않고 담백하고 부드러운 한 끼 식사용으로 영양만점인 빵이다.

재료

*반죽

본반죽	(g)
강력분	800
박력분	200
설탕	180
소금	20
분유	20
생이스트	35
계란	4개
몰트	10
우유	250
물	250
르방 리퀴드	300
버터	150
탕종	50

*충전물

	(g)
참치	200
양파	200
대파	20
참기름	소량
올리브오일	50
후추	소량
마요네즈	50
총중량	3025

주요 공정

본반죽
믹싱 버터를 제외한 전 재료를 넣고, 저속 2분 〉 버터를 넣고 중속 10분 〉 믹싱 완료(완료온도 26~27℃)

1차 발효
실온 20분 〉 접기 〉 실온 20분 〉 1차 발효 완료

분할/벤치타임
60g/10분

성형
충전물을 70g씩 포앙

2차 발효
35℃, 80% 발효실에서 2배 크기

굽기
240/200℃, 12분

충전물
올리브오일, 양파, 대파를 넣고 볶아준다. 식은 후 참치, 참기름, 후추, 마요네즈를 넣고 참치가 으깨지지 않도록 가볍게 볶아준다.

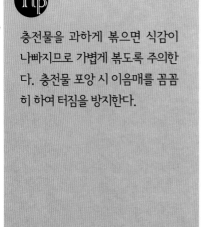

Tip

충전물을 과하게 볶으면 식감이 나빠지므로 가볍게 볶도록 주의한다. 충전물 포앙 시 이음매를 꼼꼼히 하여 터짐을 방지한다.

01

버터를 제외한 전 재료를 넣고 믹싱을 50%까지 완료한 후, 버터를 넣고 90%까지 믹싱을 마무리한다.

02

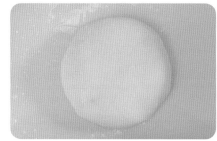

믹싱된 반죽을 실온에서 20분간 발효한다.

03

20분간 발효한 반죽을 상, 하, 좌, 우 접기를 하고 20분간 발효를 더 한다.

04

1차 발효를 완료한 반죽은 넓게 펼쳐 분할을 준비한다.

05

넓게 펼쳐진 반죽을 60g씩 분할한다.

06

둥글리기를 마친 반죽은 10분간 벤치타임에 들어간다.

07

충전물 재료를 준비한다.

08

프라이팬에 올리브오일을 넣고, 팬을 달궈준다.

09

양파, 대파를 넣고 가볍게 볶아준다.

10

양파, 대파를 다 볶은 후 참치, 후추를 넣고 가볍게 섞어준다.

11

볶은 충전물이 식으면 마요네즈를 섞어준다.

12

벤치타임이 끝난 반죽을 가볍게 두드려 가스를 뺀 후 충전물을 70g씩 포앙한다.

13

충전물 포앙 시 굽는 도중 터지는 경우가 발생하므로 이음매를 꼼꼼하게 마무리해 준다.

14

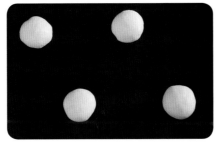

철판에 패닝 후 발효실 35℃, 80% 습도에서 2배 크기까지 2차 발효에 들어간다. 2차 발효가 끝나면 상 240℃, 하 200℃의 유로오븐에서 10분간 굽는다.

MEMO

김치라이스

부드러운 빵에 맛있는 김치고기 볶음밥이 들었다. 출출할 때 간식이나 든든한
식사용으로 먹기에도 좋다.

빵가루를 묻힐 때 앞뒤를 구분해
서 패닝해야 구울 때 터짐을 방지
할 수 있다.

재료	
*반죽	
본반죽	(g)
강력분	800
박력분	200
설탕	180
소금	20
분유	20
생이스트	35
계란	4개
몰트	10
우유	250
물	250
르방 리퀴드	300
버터	150
탕종	50
*충전물	(g)
김치	250
햄	150
양파	100
소금	4
간장	10
참기름	10
파	20
후추	소량
올리브유	50
고춧가루	10
설탕	10
밥	250
총중량	3389

주요 공정

본반죽

믹싱 버터를 제외한 전 재료를 넣고, 저속 2분
〉버터를 넣고 중속 10분 〉믹싱 완료(완료온
도 26~27℃)

1차 발효

실온 20분 〉접기 〉실온 20분 〉1차 발효 완료

분할/벤치타임

60g/10분

성형

충전물을 70g씩 포앙
표면에 빵가루를 묻힌다.

2차 발효

35℃, 80% 발효실에서 2배 크기

굽기

240/200℃, 12분

충전물

올리브오일, 파, 양파를 넣고 가볍게 볶아준
다. 김치, 햄, 소금, 간장, 참기름, 후추, 고춧가
루, 설탕을 넣고 한 번 더 볶아준다. 1회용 밥
을 전자레인지에 데운 후, 전 재료와 넣고 섞
어준다.

01

버터를 제외한 전 재료를 넣고 믹싱 50%까지 완료 후, 버터를 넣고 90%까지 믹싱을 마무리한다.

02

믹싱된 반죽을 실온에서 20분간 발효한다.

03

20분간 발효한 반죽을 상, 하, 좌, 우 접기를 하고 20분간 발효를 더 한다.

04

1차 발효를 완료한 반죽은 넓게 펼쳐 분할을 준비한다.

05

넓게 펼쳐진 반죽을 60g씩 분할한다.

06

둥글리기를 마친 반죽은 10분간 벤치타임에 들어간다.

07

충전물 재료를 준비한다.

08

프라이팬에 올리브오일을 넣고, 팬을 달궈준다.

09

파, 양파를 넣고 가볍게 볶아준 뒤 나머지 재료를 넣고 가볍게 볶아준다.

10

볶아준 재료에 전자레인지에 데운 밥을 넣고 섞어준다.

11

완성된 충전물의 모습이다.

12

벤치타임이 끝난 반죽을 가볍게 두드려 가스를 뺀 후 충전물을 70g씩 포앙한다.

13

표면에 물을 바른 후 빵가루를 묻혀준다.

14

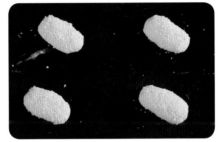

철판에 패닝 후 발효실 35℃, 80% 습도에서 2배 크기까지 2차 발효한다. 발효가 끝나면 상 240℃, 하 200℃의 유로오븐에서 12분간 굽는다.

MEMO

Part 7

페이스트리 & 브리오슈 만들기

크루아상

겹겹의 파이층과 고소한 버터의 풍미가 가장 큰 특징이다. 버터의 질이 맛을 좌우하므로 유지방 함량이 높은 천연버터로 반드시 만들어야 한다. 갓 나온 크루아상과 커피 한 잔은 잊을 수 없는 최고의 맛을 자랑한다.

재료

*반죽

본반죽	(g)
T55	600
T45	350
설탕	100
소금	20
분유	40
버터	50
생이스트	40
물	350
우유	250

*충전물	(g)
충전용 버터 (프랑스 버터)	500
총중량	2300

주요 공정

본반죽
믹싱 전 재료를 넣고, 저속 2분 〉 중속 6분 〉 믹싱 완료(완료온도 22~23℃)

1차 발효
실온 30분 〉 냉동고 2시간

밀어펴기
4절 1회 〉 냉동휴지 20분 〉 3절 1회 〉 냉동휴지 20분 〉 성형, 두께 4mm

분할/성형
가로 10cm, 세로 20cm/크루아상 모양

2차 발효
28℃, 75% 발효실에서 90분

굽기
계란물을 바른 후 180℃ 15분

Tip

이 반죽에서 중요한 것은 1차 발효를 최소한으로 억제시키고, 버터를 감쌀 때 버터를 단단하게 한 후 감싸는 것이다. 1차 발효를 최소한으로 억제시켰기 때문에 냉동실에 보관하면서 사용해도 무관하다.

01

전 재료를 넣고 발전단계까지 믹싱한다. 반죽온도는 22℃로 한다.

02

넓은 비닐을 준비해 반죽을 감싼 후, 정사각형으로 밀어편다. 실온에 30분 발효 후 냉동실에서 2시간 휴지시킨다.

03

500g의 버터를 두드려 밀어편 후 비닐에 정사각형으로 감싸 냉장으로 준비해 놓는다.

04

두 시간 뒤에 준비된 반죽과 속 버터의 사진이다.

05

반죽에 버터를 넣고 감싸준다.

06

반죽과 버터가 분리되지 않도록 가로, 세로를 밀대로 꾹꾹 눌러준다.

07

반죽을 8mm로 길게 밀고 절반을 접어준다.

08

절반을 접은 반죽에 반을 더 접는다.(4절 1회, 냉동휴지 20분)

09

4절 1회 냉동휴지가 끝난 반죽을 다시 8mm로 밀어편 후 1/3 지점에서 접고 나머지 부분을 접는다.

10

냉동고에 20분간 휴지시킨다.(3절 1회, 완료)

11

냉동휴지를 마친 최종반죽을 가로 40cm로 하여 4mm로 길게 밀어펴준다. 가로로 절반을 자른 후, 가로 10cm, 세로 20cm 삼각형 모양으로 재단한다.

12

10cm 가로부분의 양끝을 잡고, 크루아상 모양으로 말아준다.

13

철판에 패닝 후, 발효실 28℃, 습도 75%에서 90분간 발효한다. 발효가 끝난 반죽은 윗면에 계란물을 바르고, 컨벡션 오븐 180℃에서 15분간 굽는다.

MEMO

뺑 오 쇼콜라

크루아상과 동일한 반죽이며, 겹겹의 파이층과 고소한 버터의 풍미가 가장 큰 특징이다. 다만 중심에 진한 초코 스틱이 자리 잡고 있어서 구워져 나왔을 때 겹겹의 층과 맛이 잘 어울린다.

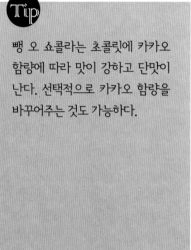

Tip

뺑 오 쇼콜라는 초콜릿에 카카오 함량에 따라 맛이 강하고 단맛이 난다. 선택적으로 카카오 함량을 바꾸어주는 것도 가능하다.

재료	
*반죽	
본반죽	(g)
T55	600
T45	350
설탕	100
소금	20
분유	40
버터	50
생이스트	40
물	350
우유	250
*충전물	(g)
충전용 버터	500
(프랑스 버터)	
총중량	2300

주요 공정

본반죽
믹싱 전 재료를 넣고, 저속 2분 〉 중속 6분 〉 믹싱 완료(완료온도 22~23℃)

1차 발효
실온 30분 〉 냉동고 2시간

밀어펴기
4절 1회 〉 냉동휴지 20분 〉 3절 1회 〉 냉동휴지 20분 〉 두께 4mm

분할
가로 8m, 세로 15cm

성형
초코스틱 2개를 넣은 후 말아준다.

2차 발효
28℃, 75% 발효실에서 90분

굽기
계란물을 바른 후 180℃, 15분

01

전 재료를 넣고 발전단계까지 믹싱한다. 반죽온
도는 22℃로 한다.

02

넓은 비닐을 준비해 반죽을 감싼 후, 정사각형
으로 밀어편다. 실온에서 30분 발효 후 냉동실
에서 2시간 휴지시킨다.

03

500g의 버터를 두드려 밀어편 후 비닐에 정사
각형으로 감싸 냉장으로 준비해 놓는다.

04

두 시간 뒤에 준비된 반죽과 속 버터의 사진이
다.

05

반죽에 버터를 넣고 감싸준다.

06

반죽과 버터가 분리되지 않도록 가로, 세로를
밀대로 꾹꾹 눌러준다.

07

반죽을 8mm로 길게 밀고 절반을 접어준다.

08

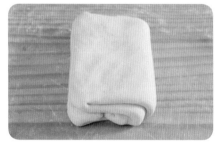

절반을 접은 반죽에 반을 더 접는다.(4절 1회,
냉동휴지 20분)

09

4절 1회 냉동휴지가 끝난 반죽을 다시 8mm로
밀어편 후 1/3 지점에서 접고 나머지 부분을 접
는다.

10

냉동고에 20분간 휴지시킨다.(3절 1회, 완료)

11

냉동휴지를 마친 최종반죽을 가로 45cm로 하여 4mm로 길게 밀어펴준다. 세로로 8cm씩 자른 후, 15cm로 3등분한다. 재단이 끝난 반죽에 초코스틱을 한 개씩 겹쳐 두 개를 올린 후, 말아준다.

12

철판에 패닝 후, 발효실 28℃, 습도 75%에서 90분간 발효한다.

13

발효가 끝난 반죽은 윗면에 계란물을 바르고, 컨벡션 오븐 180℃에서 15분간 굽는다.

MEMO

몽블랑

버터의 풍미와 바삭한 층이 돌돌 말려 있는 것도 특징이지만 달콤한 럼 시럽에 촉촉하게 배어 있는 향이 일품이다.

재료

*반죽

본반죽	(g)
T55	600
T45	400
설탕	100
소금	20
분유	20
생이스트	40
버터	50
계란	2EA
물	250
우유	250

*충전물	(g)
충전용 버터	500
(프랑스 버터)	
총중량	2350

주요 공정

본반죽
믹싱 전 재료를 넣고, 저속 2분 〉 중속 8분 〉 믹싱 완료(완료온도 22~23℃)

1차 발효
실온 30분 〉 냉동고 2시간

밀어펴기
3절 1회 〉 냉동휴지 20분 〉 3절 1회 〉 냉동휴지 20분 〉 3절 1회 〉 두께 6mm

분할
가로 5cm, 세로 30cm

성형
동전 크기의 여유를 둔 후 말아준다.
원형 미니 세라클 틀에 패닝

2차 발효
28℃, 75% 발효실에서 90분

굽기
컨벡션 오븐 170℃, 25분

Tip

2차 발효를 오래할 경우, 페이스트리 밑바닥에 구멍이 생겨 속이 텅 빈 모양으로 구워져 나오므로 2차 발효를 적절하게 시켜야 한다. 동전 크기의 여유분을 두고 말아주어야 뾰족하게 솟구치는 모양을 방지할 수 있다.

01

전 재료를 넣고 발전단계까지 믹싱한다. 반죽온
도는 22℃로 한다.

02

넓은 비닐을 준비해 반죽을 감싼 후, 정사각형
으로 밀어편다. 실온에 30분 발효 후 냉동실에
서 2시간 휴지시킨다.

03

500g의 버터를 두드려 밀어편 후 비닐에 정사
각형으로 감싸 냉장으로 준비해 놓는다.

04

두 시간 뒤에 준비된 반죽과 속 버터의 사진이
다.

05

반죽에 버터를 넣고 감싸준다.

06

반죽과 버터가 분리되지 않도록 가로, 세로를
밀대로 눌러준다.

07

반죽을 8mm로 길게 밀어편 후 1/3 지점에서 접
어준다.

08

반대편의 나머지 부분을 잡고 덮은 후, 3절 1회
를 완료한다.(3절 1회, 완료) 이와 동일한 방법
으로 3회 반복하되, 1회당 20분씩 냉동휴지를
준다.

09

냉동휴지가 끝난 최종 성형 반죽은 세로 30cm
의 넓이의 6mm 두께로 길게 밀어편 후, 가로
5cm에 세로 30cm로 재단한다.

10

재단된 반죽을 동전 크기의 여유분을 둔 후, 돌돌 말아준다.

11

미니 세라클링에 패닝 후, 발효실 28℃, 습도 75%에서 90분간 발효한다. 발효가 끝난 반죽은 컨벡션 오븐 170℃에서 25분간 굽는다.

딸기 페이스트리

바삭한 파이층에 크림치즈와 파티세리 크림으로 부드럽고 달콤함을 주고, 그 위에 상큼한 딸기로 맛을 한층 더 살렸다.

재료	
*반죽	
본반죽	(g)
T55(프랑스분)	600
T45(프랑스분)	400
설탕	100
소금	20
분유	20
생이스트	40
버터	50
계란	2EA
물	250
우유	250
*충전물	(g)
충전용 버터	500
(프랑스 버터)	
*토핑용 크림	(g)
크림치즈	500
우유	250
크리미 비트	125
슈가파우더	30
쿠앵트로	15
총중량	3270

주요 공정

본반죽
믹싱 전 재료를 넣고, 저속 2분 〉 중속 8분 〉 믹싱 완료(완료온도 22~23℃)

1차 발효
실온 30분 〉 냉동고 2시간

밀어펴기
3절 1회 〉 냉동휴지 20분 〉 3절 1회 〉 냉동휴지 20분 〉 3절 1회 〉 두께 3.5mm

분할
가로 5cm, 세로 20cm

2차 발효
28℃, 75% 발효실에서 2배 크기

굽기
계란 물을 바른 후 170℃, 15분

토핑용 크림 만들기
우유와 크리미 비트를 섞어 커스터드크림을 만든 후 부드럽게 포마드한 크림치즈와 섞는다. 나머지 재료인 슈가파우더와 쿠앵트로를 넣고 마무리한다.

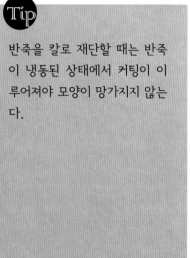

Tip
반죽을 칼로 재단할 때는 반죽이 냉동된 상태에서 커팅이 이루어져야 모양이 망가지지 않는다.

01

전 재료를 넣고 발전단계까지 믹싱한다. 반죽온도는 22℃로 한다.

02

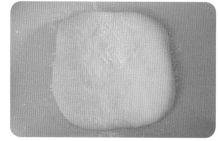

넓은 비닐을 준비해 반죽을 감싼 후, 정사각형으로 밀어편다. 실온에 30분 발효 후 냉동실에서 2시간 휴지시킨다.

03

500g의 버터를 두드려 밀어편 후 비닐에 정사각형으로 감싸 냉장으로 준비해 놓는다.

04

두 시간 뒤에 준비된 반죽과 속 버터의 사진이다.

05

반죽에 버터를 넣고 감싸준다.

06

반죽과 버터가 분리되지 않도록 가로, 세로를 밀대로 꾹꾹 눌러준다.

07

반죽을 8m로 길게 밀어편 후 1/3 지점에서 접어준다.

08

반대편의 나머지 부분을 잡고 덮은 후, 3절 1회를 완료한다.(3절 1회, 완료) 이와 동일한 방법으로 3회 반복하되, 1회당 20분씩 냉동휴지를 준다.

09

냉동휴지를 마친 최종반죽을 가로 40cm로 하여 3.5mm로 길게 밀어펴준다. 가로로 절반을 자른 후, 가로 5cm, 세로 20cm 모양으로 재단한다.

10

철판에 패닝 후, 발효실 28℃, 습도 75%에서 2배 크기로 발효한다. 발효가 끝난 반죽은 윗면에 계란물을 바르고, 컨벡션 오븐 170℃에서 15분 간 굽는다.

11

잘 구워진 페이스트리를 30분 정도 식힌다.

12

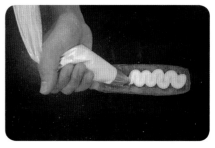

미리 만들어놓은 크림을 지그재그로 짜준다.

13

딸기의 반을 잘라 7~8개씩 올려준 후 데코스 노우로 마무리한다.

MEMO

브리오슈 낭테르

일반 식빵과 달리 설탕과 버터가 많이 들어가는 풍미가 매우 뛰어난 브리오슈 식빵이다. 마멀레이드나 잼과 함께 먹으면 누구나 좋아할 만한 빵이다.

재료	
*반죽	
본반죽	(g)
강력분	1000
설탕	125
소금	20
계란	680
버터	550
생이스트	40
스펀지	200
총중량	2615

주요 공정

본반죽

믹싱 버터를 제외한 전 재료를 넣고, 저속 3분 〉 버터를 넣고 중속 8분 〉 버터 투입 〉 믹싱 완료(완료온도 24℃)

1차 발효

5℃ 냉장고에서 15시간 장시간 저온 숙성

분할/벤치타임

50g×10/20분

성형

둥글리기한 반죽을 10개씩 패닝한다.

2차 발효

30℃, 75% 발효실에서 틀 높이 80%까지 발효시킨 뒤, 계란물 바른 후, 윗면에 우박설탕을 뿌린다.

굽기

165℃, 20분

버터가 많이 들어가는 브리오슈 반죽은 5℃ 냉장고에서 15시간 발효시켜야 반죽이 안정되며 작업하기 좋은 상태로 변한다.

01

버터를 제외한 전 재료를 넣고 발전단계까지 믹싱 후 버터를 3번에 나누어 넣고 믹싱을 완료한다. 완료온도는 24℃로 한다.

02

믹싱된 반죽은 5℃ 냉장고에서 15시간 장시간 저온 숙성을 한다.

03

장시간 저온 숙성된 반죽을 50g씩 분할한다.

04

분할된 반죽은 20분간 벤치타임을 갖는다.

05

벤치타임이 끝난 반죽은 다시 한 번 가볍게 둥글려 식빵 팬에 10개씩 패닝한 후 30℃, 습도 75% 발효실에서 틀 높이 80%까지 발효시킨다.

06

발효가 완료된 반죽은 윗면에 계란물을 얇게 바른 후 우박설탕을 뿌린다. 컨벡션 오븐 165℃에서 20분간 굽는다.

MEMO

브레산(응용 배합)

같은 브리오슈 응용 반죽이며 버터의 풍미가 매우 뛰어나다. 여기에 설탕과 큐브 모양의 버터를 올리고 구우면 더욱 달콤한 브리오슈의 맛을 느낄 수 있다.

굽는 과정에서 올린 버터를 깊숙이 눌러주지 않으면 버터가 사방으로 흘러 녹아내린다.

재료	
*반죽	
본반죽	(g)
강력분	1000
설탕	125
소금	20
계란	680
버터	550
생이스트	40
스펀지	200
*충전물	(g)
토핑용 버터	1cm×1cm 크기
(프랑스 고메 버터)	적당량
총중량	2615

주요 공정

본반죽

믹싱 버터를 제외한 전 재료를 넣고, 저속 3분 〉 버터를 넣고 중속 8분 〉 믹싱 완료(완료온도 24℃)

1차 발효

5℃ 냉장고에서 15시간 장시간 저온 숙성

분할/벤치타임

100g/20분

성형

10cm×10cm의 원형으로 밀어편다.

2차 발효

30℃, 75% 발효실에서 2배 크기
윗면에 계란물을 바른 후 설탕을 묻힌 뒤 버터 (1×1)를 7조각 올려준다.

굽기

240/200℃, 8분

01

버터를 제외한 전 재료를 넣고 발전단계까지 믹싱 후 버터를 3번에 나누어 넣고 믹싱을 완료한다. 완료온도는 24℃로 한다.

02

믹싱된 반죽은 5℃ 냉장고에서 15시간 장시간 저온 숙성을 한다.

03

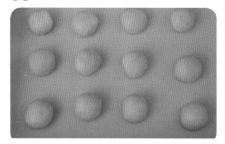

장시간 저온 숙성된 반죽을 100g씩 분할한다.

04

벤치타임이 끝난 반죽은 밀대로 10cm×10cm 원형 크기로 밀어편다.

05

밀어편 반죽을 철판에 6개씩 패닝 후, 30℃, 습도 75% 발효실에서 2배 크기까지 발효한다.

06

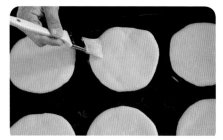

2차 발효가 끝난 반죽 윗면에 계란물을 얇게 발라준다.

07

계란물을 바른 반죽 윗면에 1cm×1cm 버터를 7조각씩 올려 눌러준다.

08

버터조각을 올려 눌려준 반죽 표면에 설탕을 넓게 펼치듯 골고루 뿌려준다. 유로데크오븐에 상 240℃, 하 200℃에서 8분간 굽는다.

참고 문헌

제과제빵경영관리, 2017.

베이커리경영론, 2013.

제과제빵, 1999.

프로 제빵 테크닉, 2016

■ 저자 소개

이원영

신한대학교 일반대학원 외식산업 박사과정
신라명과 근무
더 플라자호텔 근무
향토식문화대전 디저트 라이브부문 환경부 장관상
대한민국 국제요리, 제과 경연대회 웨딩케이크 부문 금상(농촌진흥청장상)
서울국제빵과자경진대회 양생과자부문 금상(식약청장상)
아시아명장요리대회 3코스 부문 금상 외 다수 수상
(현)한국호텔관광실용전문학교 호텔베이커리&카페경영학과 교수
　　(사)세계음식문화원 상임이사
　　(사)한국코디네이터협회 상임이사

정지현

한성대학교 대학원 외식경영학 석사
라베이크(1,2,3호점)/건강한빵연구소 오너셰프
풍림무약 Demonstrator
대한민국 제과기능장
(현)수원과학대학교 호텔조리제빵과 겸임교수
　　강동대학교 호텔조리제빵과 겸임교수
　　한국호텔관광실용전문학교 호텔제과제빵과 외래교수

한국호텔관광교육재단
Korea Hotel & Tourism Education Foundation
한국호텔관광교육재단 교재편찬위원회

저자와의
합의하에
인지첩부
생략

종을 활용한 **자연발효빵**

2018년 11월 30일 초판 1쇄 발행
2023년　7월 10일 초판 2쇄 발행

지은이 이원영 · 정지현
펴낸이 진욱상
펴낸곳 (주)백산출판사
교　정 편집부
본문디자인 강정자
표지디자인 오정은

등　록 2017년 5월 29일 제406-2017-000058호
주　소 경기도 파주시 회동길 370(백산빌딩 3층)
전　화 02-914-1621(代)
팩　스 031-955-9911
이메일 edit@ibaeksan.kr
홈페이지 www.ibaeksan.kr

ISBN 979-11-88892-50-1 93590
값 23,000원